高等职业教育"十三五"规划教材

# Photoshop CC 入门与进阶

主　编　陈金枝　王莎莎　梁海楠

副主编　孟祥飞　杨　辉　佟　璐　李　宏
　　　　李玉花　王　欣　陆晓龙　降秋杰

参　编　李建俊　丁星宇　杨博仁　赵广智
　　　　宋海英　乌兰图亚　李　尧　宋丽新
　　　　吉日嘎拉　孙汝光　王一多　朱大鹏

审　稿　陈金枝　梁海楠

北京理工大学出版社
BEIJING INSTITUTE OF TECHNOLOGY PRESS

## 内 容 简 介

Photoshop CC 是功能强大的计算机图形绘制和图像处理软件，它在平面广告设计、装潢设计、工业设计、产品包装造型设计、网页设计以及室内外建筑效果图绘制等各个领域都有非常广泛的应用。

本书全面介绍 Photoshop CC 的基本操作方法和图像处理技巧，包括系统的启动，操作界面的认识，图形图像的基本概念，工具箱的使用，路径和矢量图形工具的应用，文本的输入与编辑，图层、通道和蒙版的概念及应用方法，图像的基本编辑和处理，图像颜色的调整方法，滤镜及常用特殊效果的制作等内容。

**图书在版编目（CIP）数据**

Photoshop CC 入门与进阶/陈金枝，王莎莎，梁海楠主编. —北京：北京理工大学出版社，2018.8（2018.9 重印）

ISBN 978 - 7 - 5682 - 6067 - 1

Ⅰ . ①P… 　Ⅱ . ①陈… ②王… ③梁… 　Ⅲ . ①图象处理软件 - 高等学校 - 教材　Ⅳ . ①TP391. 413

中国版本图书馆 CIP 数据核字（2018）第 183345 号

出版发行 / 北京理工大学出版社有限责任公司
社　　址 / 北京市海淀区中关村南大街 5 号
邮　　编 / 100081
电　　话 / （010）68914775（总编室）
　　　　　（010）82562903（教材售后服务热线）
　　　　　（010）68948351（其他图书服务热线）
网　　址 / http：//www. bitpress. com. cn
经　　销 / 全国各地新华书店
印　　刷 / 涿州市新华印刷有限公司
开　　本 / 787 毫米×1092 毫米　1/16
印　　张 / 21　　　　　　　　　　　　　　　　　　责任编辑 / 王玲玲
字　　数 / 485 千字　　　　　　　　　　　　　　　文案编辑 / 王玲玲
版　　次 / 2018 年 8 月第 1 版　2018 年 9 月第 2 次印刷　责任校对 / 周瑞红
定　　价 / 49. 80 元　　　　　　　　　　　　　　　责任印制 / 施胜娟

# 本书编委会

主　　编：陈金枝　　兴安职业技术学院
　　　　　王莎莎　　内蒙古经贸学校
　　　　　梁海楠　　兴安职业技术学院
副主编：孟祥飞　　兴安职业技术学院
　　　　　杨辉　兴安职业技术学院
　　　　　佟璐　兴安职业技术学院
　　　　　李宏　兴安职业技术学院
　　　　　李玉　花兴安职业技术学院
　　　　　王欣　兴安职业技术学院
　　　　　陆晓龙　兴安职业技术学院
　　　　　降秋杰　兴安职业技术学院
参　　编：李建俊　兴安职业技术学院
　　　　　丁星宇　兴安职业技术学院
　　　　　杨博仁　兴安职业技术学院
　　　　　赵广智　兴安职业技术学院
　　　　　宋海英　兴安职业技术学院
　　　　　乌兰图亚　兴安职业技术学院
　　　　　李尧　兴安职业技术学院
　　　　　宋丽新　兴安职业技术学院
　　　　　吉日嘎拉　兴安职业技术学院
　　　　　孙汝光　兴安职业技术学院
　　　　　王一多　兴安职业技术学院
　　　　　朱大鹏　兴安职业技术学院
审　　稿：陈金枝　兴安职业技术学院
　　　　　梁海楠　兴安职业技术学院

# 前　言

  Photoshop 是目前最优秀的平面设计软件，本书结合 Photoshop 的实际用途，按照系统、实用、易学、易用的要求，详细介绍了 Photoshop CC 的各项功能，内容涉及 Photoshop CC 的基本操作、色彩和色调调整、选区制作、绘画与修饰、绘图与编辑、文本处理、图层、通道、滤镜、动作应用和图像输出等。

  本书结构合理，内容通俗易懂，具有如下特点：①全书内容依据 Photoshop CC 的功能来安排，并且严格控制每章的篇幅，从而方便教师讲解及学生自学；②大部分功能的介绍都以"说明＋实例"形式进行，并且所举实例简单、典型、实用，从而便于读者理解所学内容，并能活学活用；③将一些 Photoshop CC 技巧、平面设计知识很好地融入书中，从而使本书得到增值；④每章给出了一些精彩的典型实例，便于读者巩固所学知识。

**本书特色：**

  ➢ 精心选择有用的内容；

  ➢ 结构合理，条理清晰，前后呼应；

  ➢ 理论和实践相辅相成；

  ➢ 语言简练，讲解简洁，图示丰富；

  ➢ 实例有很强的针对性和实用性；

  ➢ 融入一些典型实用知识、实用技巧和常见问题解决方法；

  ➢ 精心设计的思考与练习；

  ➢ 提供完整的素材与适合教学要求的课件；

  ➢ 很好地适应了教学要求。

**本书内容安排：**

  第 1~2 章主要介绍了 Photoshop CC 的基础知识和基本操作，并制作了一些简单的小实例来帮助读者学习。

  第 3~4 章主要介绍了 Photoshop CC 的各种选区的制作方法。在 Photoshop CC 中，无论是绘图，还是编辑图像，往往都需要先制作好选区。本书在讲解过程中，以功能应用为主，以有针对性的实例为辅，来帮助读者领会 Photoshop CC 强大的选区制作功能。

  第 5~7 章主要介绍了 Photoshop CC 的图像基本编辑命令、各种绘图与修饰工具的使用。通过学习这些内容，读者能够随心所欲地利用 Photoshop CC 编辑、绘制各种图像，如精美的壁纸、产品包装盒，以及修复残损的图像等。

  第 8 章主要介绍了 Photoshop CC 的图像色彩调整功能。利用 Photoshop CC 提供的强大的色彩调整命令，可以轻而易举地创作出绚丽多彩的图像世界。

  第 9~10 章主要介绍了 Photoshop CC 的图层使用方法。图层是 Photoshop CC 中一个非常重要的功能，它可以让我们在处理图像时，将图像各组成放在不同的图层上，从而方便编辑图像，制作出复杂、精美的图像效果。

第 11～13 章主要介绍了为图像添加文字的方法、通道的使用方法，以及形状与路径的相关操作。文字是图像的重要组成部分，利用 Photoshop CC 的文字工具可为图像增加艺术化的文字，增强图像的表现力。形状与路径功能可以用来辅助绘画。

第 14～16 章主要介绍了 Photoshop CC 的滤镜、图像处理自动化和图像输出与打印等功能。滤镜是图像处理的好帮手，利用它可以创作出各种图像特效。利用图像处理自动化功能可以大大提高工作效率，减少不必要的重复操作。

第 17 章给出了两个综合实例，以便读者更好地领会和巩固本书所讲的知识。

**本书读者对象：**

本书适合作为高职高专相关专业和电脑短训班的平面设计教材，同时也可供广大平面设计爱好者阅读。

编　者

# 目　　录

# 第1章

## Photoshop CC 入门

● 知识要点

- 图像文件基本操作
- 改变图像画布尺寸
- 了解位图与矢量图
- 了解常用颜色模式及相关概念
- 掌握颜色的基本用法
- 熟悉图像浏览操作
- 掌握纠正错误操作

● 章前导读

在本章中，将学习 Photoshop 中的文件基本操作，例如，新建、打开及保存等；学习 Photoshop 中的部分关键性概念，例如，设置颜色、图像分辨率，创建位图图像、矢量图形及纠正错误等。

## 1.1　Photoshop 的应用领域

Photoshop 是 Adobe 公司开发的一款功能强大、操作便捷、应用最广泛的平面图像设计软件，多年来一直深受平面设计者的青睐。

Photoshop 在其功能不断强化的同时，应用领域也逐渐扩大，从广告、网页、工业产品形象的主流应用，到三维图像的材质制作、效果图后期处理、数码照片处理等，都发挥着很重要的作用。

➤ **在平面设计方面**：使用 Photoshop，可以设计出商标、包装、海报、样本、招贴、广告、界面和网页等各式各样的平面作品。

➤ **在绘画方面**：Photoshop 具有强大的绘图功能，可以绘制出逼真的产品效果图，以及各种卡通形象、人物、动植物及在生活中看到的所有事物。

➤ **在数码照片处理方面**：在 Photoshop 中，可以进行各种照片合成、修复和上色等操作。例如，为照片更换背景、为人物更换发型、去除斑点、校正照片的偏色等。

## 1.2　Photoshop CC 的工作环境

启动 Photoshop CC 后，将显示如图 1.1 所示的界面。

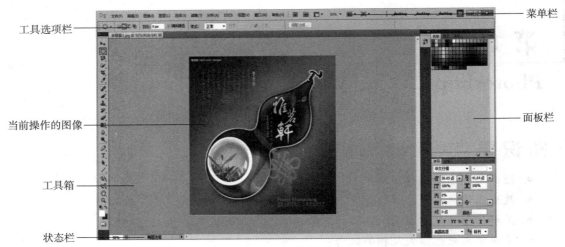

菜单栏

工具选项栏

面板栏

当前操作的图像

工具箱

状态栏

图1.1　工作界面

## 1.2.1　菜单

Photoshop 包括了 11 个菜单共上百个命令。听起来虽然有些复杂，但只要了解每个菜单命令的特点，就能够很容易地掌握这些菜单中的命令。许多菜单命令能够通过快捷键调用，部分菜单命令与面板菜单中的命令重合，因此，在操作过程中真正使用菜单命令的情况并不太多，读者无须因为命令太多而产生学习方面的心理负担。

## 1.2.2　工具箱

执行"窗口"→"工具"命令，可以显示或者隐藏工具箱。Photoshop 工具箱中的工具极为丰富，其中许多工具都非常有特点，使用这些工具可以完成绘制图像、编辑图像、修饰图像、制作选区等操作。

1. 启用工具箱中的隐藏工具

在工具箱中可以看到，部分工具的右下角有一个小三角图标，这表示该工具组中尚有隐藏工具未显示。

下面以"多边形套索工具"为例，讲解如何选择及隐藏工具。

①将鼠标指针移动到"套索工具"的图标上，该工具图标呈高亮显示，如图1.2所示。

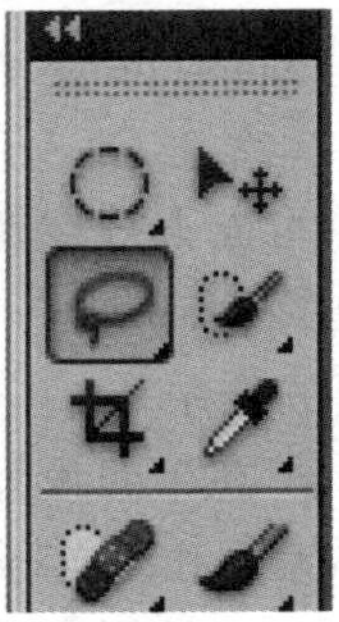

②在此工具上单击鼠标右键。

③此时 Photoshop 会显示出该工具组中所有工具的图标，如图1.3所示。

图1.2

④拖动鼠标指针至"多边形套索工具"的图标上，如图1.4所示，即可将其激活为当前使用的工具。

上面所讲述的操作适用于选择工具箱中的任何隐藏工具。

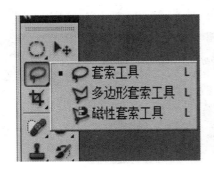

图1.3　　　　　　　　　　　　　　　　　　　图1.4

2. 伸缩工具箱

为了使操作界面更加人性化、便捷化，Photoshop中的工具箱被设计成能够进行灵活伸缩的状态，用户可以根据操作需求将工具箱改变为单栏或双栏显示。

控制工具箱伸缩性功能的是工具箱最上面呈灰色显示的区域，其左侧有两个小三角，称为伸缩栏。下面讲解如何将工具箱的双栏改为单栏。

当工具箱显示为双栏时，两个小三角形的显示方向为左侧，如图1.5所示。

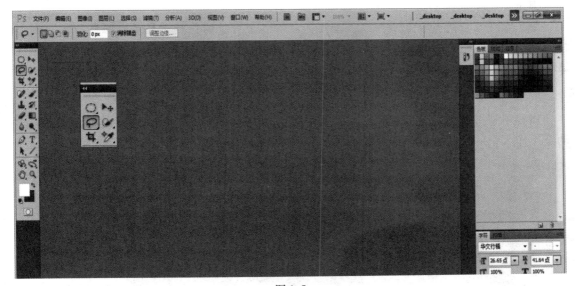

图1.5

双击顶部的伸缩（灰色区域）或单击三角形图标网，即可将工具箱转换为单栏显示状态，如图1.6所示。

### 1.2.3　工具选项栏

选择工具后，在大多数情况下还需要设置其工具选项栏中的参数，这样才能够更好地使用工具。在工具选项栏中列出的通常是单选按钮、下拉菜单、参数数值框等，其使用方法都非常简单，在本书相关章节中将会进行讲解。

图1.6

Photoshop 具有多个面板，每个面板都有其各自不同的功能。例如，与图层相关的操作大部分都被集成在"图层"面板中，而如果要对路径进行操作，则需要显示"路径"面板。虽然面板的数量不少，但在实际工作中使用最频繁的只有其中的几个，即"图层"面板、"通道"面板、"路径"面板、"历史记录"面板、"画笔"面板和"动作"面板。掌握这些面板的使用，基本上就能够完成工作中复杂的操作。

要显示这些面板，可以在"窗口"菜单中寻找相对应的命令。

**提示：**

除了选择相应的命令显示面板，也可以使用各个面板的快捷键显示或隐藏面板。例如，按 F7 键可以显示"图层"面板。记住用于显示各个面板的快捷键，有助于加快操作的速度。

1. 拆分面板

当要单独拆分出一个面板时，可以选中对应的图标或标签并按住鼠标左键，然后将其拖动至工作区中的空白位置，如图1.7 所示。图1.8 所示就是被单独拆分出来的面板。

图1.7

图 1.8

## 2. 组合面板

组合面板可以将两个或多个面板合并到一个面板中，当需要调用其中某个面板时，只需单击其标签名称即可，否则，如果每个面板都单独占用一个窗口，用于进行图像操作的空间就会大大减少，甚至会影响到正常的工作。

要组合面板，可以拖动位于外部的面板标签至想要的位置，直至该位置出现蓝色反光时，如图 1.9 所示。释放鼠标左键后，即可完成面板的拼合操作，如图 1.10 所示。通过组合面板的操作，用户可以将软件的操作界面布置成自己习惯或喜爱的状态，从而提高工作效率。

图 1.9

图 1. 10

### 3. 创建新的面板栏

除了 Photoshop 的面板外，也可以根据自己的需要增加更多面板栏。首先，拖动一个面板至原有面板栏的最左侧边缘位置，其边缘会出现灰蓝相间的高光显示条，如图 1. 11 所示，释放鼠标即可创建一个新的面板栏，如图 1. 12 所示。

图 1. 11

### 4. 隐藏/显示面板

在 Photoshop 中，按 Tab 键可以隐藏工具箱及所有已显示的面板，再次按 Tab 键可以全部显示。如果仅隐藏所有面板，则可按 Shift + Tab 组合键；同样，再次按 Shift + Tab 组合键可以全部显示。

图 1.12

### 1.2.4　状态栏

状态栏位于窗口最底部，如图 1.13 所示。它能够提供当前文件的显示比例、文件大小、内存使用率、操作运行时间、当前工具等提示信息。在显示比例区的文本框中输入数值，可改变图像窗口的显示比例。

　　　显示比例区　　　图像信息区

图 1.13

### 1.2.5　当前操作的图像

当前操作的图像为将要或正在用 Photoshop 进行处理的对象。在本节中将讲解如何显示和管理当前操作的图像。

只打开一幅图像文件时，它总是被默认为当前操作的图像；打开多幅图像时，如果要将某个图像文件激活为当前操作的对象，则可以执行下面的操作之一。

①在图像文件的标题栏或图像上单击即可切换至该图像，并将其设置为当前操作的图像。

②按 Ctrl＋Tab 组合键可以在各个图像文件之间进行切换，并将其激活为当前操作的图像。但该操作的缺点是，在图像文件较多时，操作起来较为烦琐。

③选择"窗口"菜单命令，在菜单的底部将出现当前打开的所有图像的名称，此时选择需要激活的图像文件名称，如图 1.14 所示，即可将其设置为当前操作的图像。

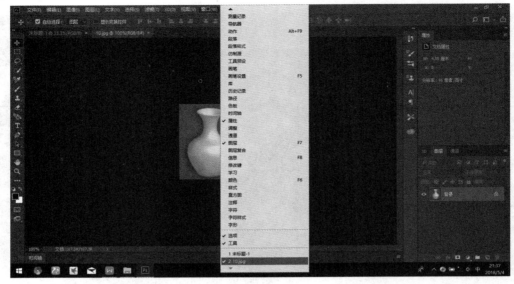

图 1.14

### 1.2.6 工作区控制器

工作区控制器，顾名思义，它可用于 Photoshop 的工作界面，具体来说，就是用户可以按照自己的喜好布置工作界面，并将其保存为自定义的工作界面。如果在工作一段时间后，工作界面变得很零乱，可以选择调用自定义工作界面的命令，将工作界面恢复至自定义后的状态。

**1. 保存自定义的工作界面**

用户按自己的爱好布置好工作界面后，如果要保存自定义的工作界面，可以单击工作区控制器，在弹出的菜单中选择"新建工作区"命令，也可以在菜单栏中选择"窗口"→"工作区"→"新建工作区"命令，在弹出的"新建工作区"对话框中输入自定义的名称，然后单击"存储"按钮即可，如图 1.15 所示。

**2. 调用预设及自定义的工作界面**

要调用已保存的工作界面，可以单击工作区控制器，在弹出的菜单中选择自定义工作界面的名称即可。用户也可以选择"窗口"→"工作区"子菜单中的自定义工作界面名称，调用相应的工作界面方案。

图 1.15

## 1.3 图像文件的基本操作

### 1.3.1 新建图像文件

获得图像文件最常用的方法是建立新文件。执行"文件"→"新建"命令后，弹出如图 1.16 所示的"新建"对话框。在此对话框中可以设置新文件的"宽度""高度""颜色模式""背景内容"等参数，单击"确定"按钮即可获取一个新的图像文件。

> **"预设"**：在此下拉列表中已经预设好了创建文件的常用尺寸，以方便用户操作。

> **"宽度""高度""分辨率"**：在对应的数值框中键入数值即可分别设置新文件的宽度、高度和分辨率；在这些数值框右侧的下拉菜单中可以选择相应的单位。

> **"颜色模式"**：在其选择框的下拉菜单中可以选择新文件的颜色模式；在其右侧选择框的下拉菜单中可以选择新文件的位深度，用以确定使用颜色的最大数量。

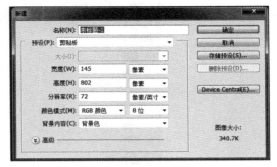

图 1.16

> **"背景内容"**：在其下拉菜单中可以设置新文件的背景颜色。

> **"存储预设"**：单击此按钮，可以将当前设置的参数保存为预置选项，以便从"预设"下拉菜单中调用此设置。

**提示：**

如果在执行新建文件前曾做过复制图像的操作，则"新建"对话框中显示的文件尺寸与所复制的对象大小相同，只需要单击"确定"按钮，即可得到与复制图像大小相同的新文件；如果想得到上一次（即最近一次）新建文件时的尺寸，可以按住 Alt 键，执行"文件"→"新建"命令，或者直接按 Ctrl + Alt + N 组合键。

### 1.3.2　打开图像文件

要在 Photoshop 中打开图像文件，可以按照下面的方法操作。

> 选择"文件"→"打开"命令。

> 按 Ctrl + O 键。

> 双击 Photoshop 操作空间的空白处。

使用以上 3 种方法，都可以在弹出的对话框中选择要打开的图像文件。

另外，直接将要打开的图像拖至 Photoshop 工作界面中也可以打开文件。但需要注意的是，从 Photoshop CS5 开始，必须置于当前图像窗口以外，如菜单区域、面板区域或软件的空白位置等，如果置于当前图像的窗口内，会创建为智能对象。

### 1.3.3　直接保存图像文件

若要保存当前操作的文件，选择"文件"→"储存"命令，弹出如图 1.17 所示的"存储"对话框，输入文件名，单击"保存"按钮即可。

**提示：**

只有当操作的文件具有通道、图层、路径、专色、注解选项时，在"格式"下拉列表中选择支持保存这些信息的文件格式时，对话框中的"Alpha 通道""图层""注解""专色"选项才会被激活，可以根据需要选择是否保存这些信息，否则"存储为"对话框将如图 1.18 所示。

图 1. 17

图 1. 18

**提示：**

注意养成随时保存文件的好习惯，这仅是举手之劳，但在很多时候可以挽回不必要的损失。此操作的快捷键是 Ctrl + S。

### 1.3.4　另存图像文件

若要将当前操作文件以不同的格式，或不同名称，或不同存储"路径"再保存一份文件，可以选择"文件"→"存储为"命令，在弹出的"存储为"对话框中根据需要更改选项并保存。

例如，要将 Photoshop 中制作的产品宣传册通过电子邮件给客户看小样，因其结构复杂，有多个图层和通道文件，所占空间很大，通过电子邮件很可能传送不过去，此时，就可以将 PSD 格式的原稿另存为 JEG 格式，让客户能及时又准确地看到宣传册效果。

**提示：**

初学者在直接打开图片并对其进行修改的时候，最好能在第一时间对其使用"存储为"命令，并在后面的操作过程中随时保存，这样做既可以保存用户的操作，又不会覆盖素材原文件。

### 1.3.5　关闭图像文件

关闭文件应该是最简单的操作，直接单击"图像窗件"→"关闭"命令，或直接按 Ctrl + W 组合键即可。

但对于 Photoshop 这样的图像处理软件来说，关闭文件即表示确认了图像效果，这样不可以再使用"历史记录"面板或按 Ctrl + Z 组合键查看前面的操作步骤了，因此，关闭前要确定是自己所要的效果。

对于操作完成后没有保存的图像，执行关闭文件操作后，会弹出提示框，询问用户是否需要保存文件，可以根据需要选择其中一个选项。

另外，除了关闭文件外，还有"文件"→"退出"命令，此命令不仅会关闭图像文件，同时将退出 Photoshop 软件系统，也可以直接使用快捷键 Ctrl + Q 退出。

## 1.4　图像尺寸与分辨率

如果需要改变图像尺寸，则可以使用"图像"→"图像大小"命令，弹出的对话框如图 1.19 所示。

使用此命令时，首先要考虑的因素是是否需要使图像的像素发生变化，这一点将从根本上影响图像大小被修改后的状态。

如果图像的像素总量不变，提高分辨率将降低其打印尺寸，提高其打印尺寸将降低其分辨率。

但图像像素总量发生变化时，可以在提高其打印尺寸的同时保持图像的分辨率不变，反之亦然。

在此分别以在像素总量不变的情况下改变图像尺寸，以及在像素总量变化的情况下改变

图像尺寸为例，讲解如何使用此命令。

### 1.4.1 在像素总量不变的情况下改变图像尺寸

在像素总量不变的情况下改变图像尺寸的操作方法如下。

①在"图像大小"对话框中取消选中"重新取样"复选框，此时对话框如图 1.20 所示。在 Photoshop CC 中，在左侧新增了图像的预览功能，用户在改变尺寸或进行缩放后，可以在此看到调整后的效果。

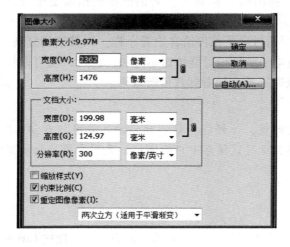

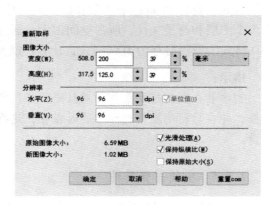

图 1.19                    图 1.20

②在对话框的"宽度""高度"文本框右侧选择合适的单位。

③分别在对话框的"宽度""高度"两个文本框中输入小于原值的数值，即可降低图像的尺寸，此时输入的数值无论大小，对话框中"像素大小"中的数值都不会有变化。

④如果在改变图像尺寸时需要保持长宽比，则选中"约束比例"复选框，否则取消其选中状态。

### 1.4.2 在像素总量变化的情况下改变图像尺寸

在像素总量变化的情况下改变图像尺寸的操作方法如下。

①确认"图像大小"对话框中的"重新取样"复选框处于选中状态，然后继续下一步的操作。

②在"宽度""高度"文本框右侧选择合适的单位，然后在两个文本框中输入不同的数值，如图 1.21 所示。

③如果在像素总量发生变化的情况下，将图像的尺寸变小，然后以同样方法将图像的尺寸放大，则不会得到原图像的细节，因为 Photoshop 无法恢复已损失的图像细节，这是最容易被初学者忽视的问题之一。

图 1.22 所示为原图图，图 1.23 所示为在像素总量发生变化的情况下，将图像尺寸变为原尺寸的 40% 的效果。图 1.24 所示为以同样的方法将尺寸恢复为原尺寸后的效果。比较缩放前后的图像可以看出，恢复为原尺寸的图像没有原图像清晰。

图 1.21

图 1.22

图 1.23

图 1.24

值得一提的是，在 Photoshop 中，优化并更新了"重新取样"下拉菜单中的选项，使得在放大图像时，能够得到更好的放大质量与锐化效果。通常情况下，用户选择"自动"选项即可得到较好的效果。

### 1.4.3　常用分辨率

要确定使用的图像分辨率，可以考虑图像最终的用途，根据用途不同，应该对图像设置不同的分辨率。

➤ 如果所制作的图像用于网络，分辨率只需满足典型的显示器分辨率（72 像素/英寸或%像素/英寸）即可。

➤ 如果图像用于打印、输出，则需要满足打印机或其他输出设置的要求。对于印刷用图，图像分辨率不应该低于 300 像素/英寸。

➤ 因此，在使用"文件"→"新建"命令创建新文件时，根据该图像的不同用途，需要在对话框"分辨率"数值输入框中输入不同的数值。

## 1.5　改变图像画布尺寸

对于画布操作，可以在原图像大小的基础上，在图片四周增加空白部分，以便在图像之外添加其他内容。如果画布比图像小，就会裁去图像超出画布的部分。

在 Photoshop 中，可以使用 3 种方法改变画布尺寸，分别是使用裁剪工具、透视裁剪工

具及"画布大小"命令，下面分别讲解其具体使用方法。

### 1.5.1 裁剪工具详解

使用"裁剪工具" 🔲 ，用户除了可以根据需要裁掉不需要的像素外，还可以使用多种网格线进行辅助裁剪、在裁剪过程中进行拉直处理及决定是否删除被裁剪掉的像素等，其工具选项条如图 1.25 所示。下面讲解其中各选项的使用方法。

![工具选项条]

图 1.25

> 裁剪比例：在此下拉菜单中，可以选择"裁剪工具" 🔲 在裁剪时的比例。另外，若是选择"新建裁剪预设"命令，在弹出的对话框中可以将当前所设置的裁剪比例、像素数值及其他选项保存成一个预设，以便于以后使用；若是选择"删除裁剪预设"命令，在弹出的对话框中可以将用户存储的预设删除。

> 设置自定长宽比：在此处的数值输入框中，可以输入裁剪后的宽度及高度像素数值，以精确控制图像的裁剪。

> "高度和宽度互换"按钮键 ⇄ ：单击此按钮，可以互换当前所设置的高度与宽度的数值。

> "拉直"按钮：单击此按钮后，可以在裁剪框内进行拉直校正处理，特别适合裁剪并校正倾斜的画面。在使用时，可以将光标置于裁剪框内，然后沿着要校正的图像拉出一条直线，可打开本书配套光盘"素材与实例"→"Ph1"→"1.jpg"文件，如图 1.26 所示。释放鼠标后，即可自动进行图像旋转，以校正画面中的倾斜。图 1.27 所示是按 Enter 键确认裁剪后的校正处理效果。

图 1.26                                   图 1.27

> 设置叠加选项按钮 ▦ ：单击此按钮，在弹出的菜单中，可以选择裁剪图像时的设置。该菜单共分为 3 栏，如图 1.28 所示，第 1 栏用于设置裁剪框中辅助线的形态，如对角、三角形、黄金比例及金色螺线等；在第 2 栏中，可以设置是否在裁剪时显示辅助线；在第 3 栏中，若选择"循环切换叠加"命令或按 O 键，则可以在不同的裁剪辅助线之间进行切换，若选择"循环切换取向"命令或按 Shift + O 组合键，则可以切换裁剪辅助线的方向。

> "裁剪选项"按钮：单击此按钮，将弹出如图 1.29 所示的下拉菜单，在其中可以设置一些裁剪图像时的选项；选择"使用经典模式"模式，则使用 Photoshop CC 及更旧版中的

裁剪预览方式，在选中此选项后，其下面的两个选项将变为可用状态；若选择"显示裁剪区域"选项，则在裁剪过程中，会显示被裁剪掉的区域，反之，若取消选中该选项，则隐藏被裁剪掉的图像；若选择"自动居中预览"选项，则在裁剪的过程中，裁剪后的图像会自动置于画面的中央位置，以便观看裁剪后的效果；若选中"启用裁剪屏蔽"选项，则可以在裁剪过程中对裁剪掉的图像进行一定的屏蔽显示，在其下面的区域中可以设置屏蔽时的选项。

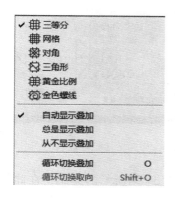　　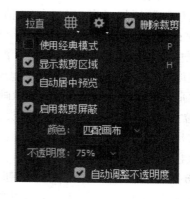

图 1.28　　　　　　　　　　　　　图 1.29

➤ 删除裁剪的像素：选择此选项时，在确认裁剪后，会将裁剪框以外的像素删除；反之，若是未选中此选项，则可以保留所有被裁剪掉的像素。当再次选择裁剪工具时，只需要单击裁剪控制框上任意一个控制句柄，或执行任意的编辑裁剪框操作，即可显示被裁剪掉的像素，以便重新编辑。

### 1.5.2　使用裁剪工具突出图像重点

通过"裁剪工具"对图像画布进行裁剪，可以得到重点突出的图像，其操作步骤如下：

①打开本书配套光盘"素材与实例"→"Ph1"→"3.jpg"文件，将看到整个图片，如图 1.30 所示。

②在工具箱中选择"裁剪工具"，在图片中调整裁剪区域，如图 1.31 所示。

③按 Enter 键确认，裁剪后的相片如图 1.32 所示。

图 1.30　　　　　　　　图 1.31　　　　　　　　图 1.32

如果在得到裁剪框后需要取消裁剪操作，则可以按 Esc 键。

### 1.5.3　使用"画布大小"命令改变画布尺寸

画布尺寸与图像的视觉质量没有太大的关系，但会影响图像的打印效果及应用效果。

执行"图像"→"画布大小"命令，弹出如图1.33所示的对话框。

"画布大小"对话框中各参数释义如下。

➢ **当前大小**：显示图像当前的大小、宽度及高度。

➢ **新建大小**：在此数值框中可以键入图像文件的新尺寸数值。刚打开"画布大小"对话框时，此选项区数值与"当前大小"数值相同。

➢ **相对**：选择此选项，在"宽度"及"高度"数值框中显示图像新尺寸与原尺寸的差值，此时在"宽度""高度"数值框中如果键入正值，则放大图像画布，键入负值，则裁剪图像画布。

➢ **定位**：单击"定位"框中的箭头，用以设置新画布尺寸相对于原尺寸的位置，其中空白框格中的黑色圆点为缩放的中心点。

图1.33

➢ **画布扩展颜色**：单击下拉菜单按钮，弹出如图1.34用所示的菜单，在此可以选择扩展画布后新画布的颜色，也可以单击其右侧的色块，在弹出图的"拾色器（画布扩展颜色）"对话框中选择一种颜色，为扩展后的画布设置扩展区域的颜色。打开本书配套光盘"素材与实例"→"Ph1"→"4.jpg"文件，图1.35所示为原图像，图1.36所示为在画布扩展颜色为黑色的情况下，扩展图像画布后的效果。

图1.34           图1.35           图1.36

**提示：**

如果在"宽度"及"高度"数值框中键入小于原画布大小的数值，将弹出信息提示对话框，单击"继续"按钮，Photoshop将对图像进行剪切。

### 1.5.4 翻转图像

如果图像在视觉上是倾斜的，可以执行"图像"→"图像旋转"命令进行角度调整，其子菜单命令如图1.37所示，各命令的功能释义如下：

➢ **180度**：画布旋转180°。

➢ **90度（顺时针）**：画布顺时针旋转90°。

图1.37

> ➢ 90度（逆时针）：画布逆时针旋转90°。
> ➢ 任意角度：可以选择画布的任意方向和角度进行旋转。
> ➢ 水平翻转画布：将画布进行水平方向上的镜像处理。
> ➢ 垂直翻转画布：将画布进行垂直方向上的镜像处理。

打开本书配套光盘"素材与实例"→"Ph1"→"5.jpg"文件，进行翻转操作，图1.38所示就是水平及垂直翻转画布的示例。

（a）　　　　　　　　　　（b）　　　　　　　　　　（c）

图1.38

（a）原图；（b）水平翻转；（c）垂直翻转

**提示：**

上述命令可以对整幅图像进行操作，包括图层、通道、路径等。

# 1.6　位图图像与矢量图形

位图图像与矢量图形是每一个从事与图像有关的设计工作的人都会遇到的两类图像文件，因此，了解这两类图像文件的特点具有非常重要的意义。

## 1.6.1　位图与矢量图

位图图像以像素构成，可以表达出色彩丰富、过渡自然的效果。位图的缺点是在保存图像时，计算机需要记录每个像素点的位置和颜色，所以图像像素点越多（分辨率越高），图像越清晰，而文件所占硬盘空间也越大，在处理图像时计算机运算速度也就越慢。

一幅固定的位图图像中所包含的像素数目是固定的。如果将图像放大，其相应的像素点也会放大，当像素点被放大到一定程度后，图像就会变得不清晰，边缘会出现锯齿。

打开本书配套光盘"素材与实例"→"Ph1"→"6.bmp"文件，图1.39所示为位图图像原始效果，图1.40所示是放大显示比例以观察眼睛图像时的状态，此时不难看出，图像放大后显示非常明显的像素块。

位图图像一般由Photoshop和PhotoImpact、Paint、COOL 3D等位图图像软件绘制生成。当然，使用矢量软件也可以输出位图图像，除此之外，使用数码相机所拍摄的照片和使用扫描仪扫描的图像也都以位图形式保存。

### 1.6.2 矢量图形

矢量图形是一种以数学公式来定义线条和形状的文件，这种文件适用于保存色块和形状感明显的视觉图形，这也是其被称为图形而不是图像的原因。

图 1.39　　　　　　　　　　　　　　　　　　　图 1.40

由于矢量图软件是用数学公式来定义线条、形状和文本的，所以这些对象的线条非常光滑、流畅，放大观察矢量图形时，可以看到线条仍然保持良好的光滑度及比例相似性，图 1.41所示为使用矢量软件 Illustrator 所绘制的图形及其被放大后的效果。

矢量图软件的优点是这类文件所占据的磁盘空间相对较小，其文件尺寸取决于图像中所包含的对象的数量和复杂程度。文件大小与输出介质的尺寸几乎没有什么关系，这一点与位图图像的处理相反。

矢量图主要由设计软件（如 Illustrator 和 CorelDRAW 等）通过数学公式计算产生，它与分辨率无关，也无法通过扫描获得。对其进行放大，其图像质量不会发生任何改变，如图 1.42所示。

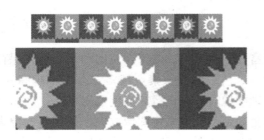 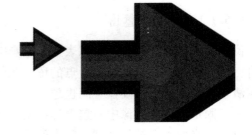

图 1.41　　　　　　　　　　　　　　　　　　　图 1.42

**提示：**

在平时，我们拍摄的数码照片、扫描的图像都属于位图。位图与矢量图相比，优点是所表现的效果更真实、细腻，常用于广告设计等领域；缺点是文件尺寸太大，且和分辨率有关。

# 1.7　常用颜色模定

对于图像而言，颜色模式的重要性不亚于图像的分辨率，不同的颜色模式有不同的用途，RGB 颜色模式适用于屏幕显示的图像，CMYK 颜色模式的图像适用于印刷，这就要求一个优秀的图形图像工作人员了解不同颜色模式的特点及应用领域。

常见的颜色模式有 RGB（红色、绿色、蓝色）、CMYK（青色、洋红、黄色、黑色）和 Lab。

### 1.7.1　Lab 颜色模式

Lab 颜色模式由亮度或光亮度分量（L）及两个颜色度分量组成，即 a 分量（从绿到红）和 b 分量（从蓝到黄）。图 1.43 是 L 颜色模式原理图，其中，A 代表球的色域，B 代表 RGB 色域，而 C 代表 CMYK 色域。

Lab 颜色模式的最大优点是与设备无关，无论使用什么设备（如显示器、打印机、计算机或扫描仪）创建或输出图像，这种颜色模式所产生的颜色都可以保持一致。

**提示：**

从图 1.43 可以看出，RGB 色域与 CMYK 色域并不重合，且都包含在 Lab 颜色模式的色域内，这就解释了为什么相互转换时颜色会有损失。

### 1.7.2　RGB 模式

RGB 颜色模式是 Photoshop 工作中最常用的颜色模式，绝大部分可见光谱中的颜色可以用红（R）、绿（G）和蓝（B）三色光按不同比例和强度混合后生成，当三种颜色两两混合时，可以分别产生青色、洋红和黄色，如图 1.44 所示。

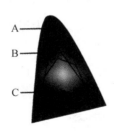

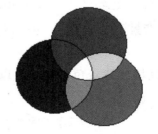

图 1.43　　　　　　　　　　　　　　　图 1.44

由于 R、G、B 三种颜色合成后产生白色，因此这种模式也称为加色模式。

### 1.7.3　CMYK 模式

CMYK 颜色模式以打印在纸张上的油墨的光线吸收特性为理论基础，是一种印刷工业所使用的颜色模式，由图像分色后得到的青色（C）、洋红（M）、黄色（Y）和黑色（K）四种颜色组成。

由于这四种颜色通过合成可以得到吸收所有颜色的黑色，因此这种模式也称为减色

模式。

　　虽然在理论上 C、M、Y 三种颜色等量混合应该产生黑色，但由于所有打印油墨都会或多或少地含有一些杂质，因此，这三种油墨在混合后实际上只能够得到土灰色，正因如此，必须加入黑色（K）油墨才能产生真正的黑色，这也是四色油墨的由来。

# 1.8　掌握颜色的设置方法

　　使用 Photoshop 的绘图工具进行绘图时，选择正确的作图色至关重要。

### 1.8.1　用前景色/背景色色块设置颜色

　　在 Photoshop 中选择颜色的工作是在工具箱下方的颜色选择区中进行的，在此区域中可分别为颜色选择前景色和背景色，前景色又称为绘图色，背景色则称为画布色。工具箱下方的颜色选择区由前景色色块、背景色色块、切换前景色与背景色转换按钮 及默认前景色/背景色按钮 组成，如图 1.45 所示。

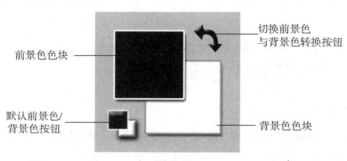

图 1.45

　　切换前景色与背景色转换按钮 ：单击该按钮，可以交换前景色和背景色的颜色。

　　默认前景色/背景色按钮 ：单击该按钮，可恢复为前景色为黑色、背景色为白色的默认状态。

　　单击前景色色块或背景色色块，可以弹出"拾色器（前景色）"对话框，如图 1.46所示。

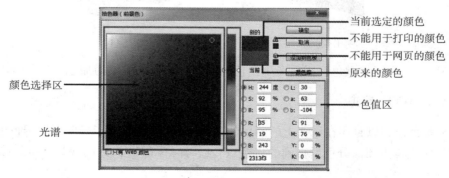

图 1.46

在"拾色器（前景色）"对话框中单击任何一点即可选择一种颜色，如果拖动颜色色条上的三角形滑块，就可以选择不同颜色范围中的颜色。

### 1.8.2　使用"颜色"面板

"颜色"面板的左上角显示了前景色色块和背景色色块，如图1.47所示。用鼠标单击任意一个色块，然后拖动右边的滑块，可对选中的样本块颜色进行设置。

另外，用户还可以通过单击面板底部的颜色条直接采取色样，此时鼠标指针变成吸管状。

### 1.8.3　使用"色板"面板

"色板"面板（如图1.48所示）的主要功能是追随颜色，以便于再次用时进行调用。

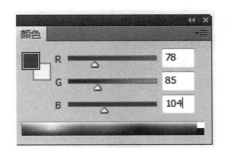

图1.47

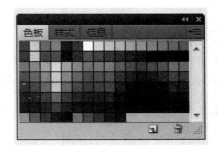

图1.48

使用"色彩"面板设置前景色时，只需单击"色板"面板中的颜色，若要设置背景色，可以按住Ctrl键并单击"色板"面板中的颜色。

若要使用此面板保存当前前景色的颜色，则在面板中单击创建前景色的新色板按钮 。

## 1.9　浏览图像

在对图像文件操作的过程中，时常需要对图像进行观察、放大及缩小等操作。在本节中介绍相关的工具、命令及快捷键的使用方法来提高效率。

### 1.9.1　缩放工具

选择工具箱中的"缩放工具" ，在当前图像文件中单击，即可增加图像的显示倍率，按住Alt键，利用"缩放工具" 在图像中单击，图像文件的显示倍率被缩小。

在缩放工具选项栏上选中"细微缩放"复选框的情况下，使用"缩放工具" 在画布中向左侧拖动，即可缩小显示比例，而向右侧拖动即可放大显示比例，这是一项非常方便的功能。

另外，在没有"细微缩放"复选框的情况下，如果使用"缩放工具" 在图像文件中拖出一个矩形框，则矩形框中的图像部分将被放大显示在整个画布的中间，如图1.49所示。

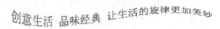

图 1.49

### 1.9.2 缩 放 命 令

➢ 选择"视图"→"放大"命令，可增大当前图像的显示倍率。
➢ 选择"视图"→"缩小"命令，可缩小当前图像的显示倍率。
➢ 选择"视图"→"按屏幕大小缩放"命令，可满屏显示当前图像。
➢ 选择"视图"→"实际像素"命令，当前图像以100%倍率显示。

### 1.9.3 快 捷 键

配合以下快捷键，可以更快速地完成对图像显示比例的放大与缩小操作。
➢ 按 Ctrl ++ 组合键可以放大图像的显示比例。
➢ 按 Ctrl +- 组合键可以缩小图像的显示比例。
➢ 按 Ctrl ++／- 键缩放图像显示比例，如果同时按下 Alt 键，可以使画布与窗口同时缩放。
➢ 双击"抓手工具" 或者按 Alt + O 组合键，可以按屏幕大小进行缩放。
➢ 双击"缩放工具" 、按 Ctrl + Alt + O 组合键或按 Ctrl + 1 组合键，可以快速切换至100%的显示比例。
➢ 按 Ctrl + 空格键，可切换至"缩放工具" 的放大模式。
➢ 按 Alt + 空格键，可切换至"缩放工具" 的缩小模式。

### 1.9.4 "导 航 器" 面 板

执行"窗口"→"导航器"命令，弹出"导航器"面板，其中显示有当前图像文件的缩览图，如图 1.50 所示。利用此面板，可以非常直观地控制图像的显示状态，如放大图像的显示比例或者缩小图像的显示比例等。

拖动"导航器"面板下方的滑块，其左侧的数值发生变化。向左拖动滑块，可以减小图像的显示比例；向右拖动滑块，可以放大图像的显示比例。单击左侧的 按钮，缩小图像的显示比例；单击右侧

图 1.50

的 按钮，放大图像的显示比例。

### 1.9.5 抓手工具

如果放大后的图像大于画布的尺寸，或者图像的显示状态大于当前的显示屏幕，则可以使用"抓手工具" 在画布中进行拖曳，用以观察图像的各个位置。在其他工具为当前操作工具时，按住键盘上的空格键，可以暂时将其他工具切换为"抓手工具" 。

# 1.10 纠正错误操作

### 1.10.1 使用命令纠错

使用 Photoshop 绘图的一大好处就是很容易纠正操作中的错误，它提供了许多用于纠错的命令，其中包括"文件"→"恢复"命令、"编辑"→"还原"命令、"重做"、"前进一步"和"后退一步"命令等，下面将分别讲解这些命令的作用。

1. "恢复"命令

选择"文件"→"恢复"命令，可以返回到最近一次保存文件时图像的状态。但如果刚刚对文件进行保存，是无法执行"恢复"操作的。

需要注意的是，如果当前文件没有保存到磁盘，则"恢复"命令也是不可用的。

2. "还原"与"重做"命令

选择"编辑"→"还原"命令可以向后回退一步，选择"编辑"→"重做"命令可以重做被执行了还原命令的操作。

两个命令交互显示在编辑菜单中，执行"还原"命令后，此处将显示为"重做"命令，反之亦然。

**提示：**

由于两个命令被集成在一个命令显示区域中，故掌握两个命令的快捷键 Ctrl + Z 对于快速操作非常有好处。

3. "前进一步"和"后退一步"命令

选择"编辑"→"后退一步"命令，可以将对图像所做的操作向后返回一次，多次选择此命令可以一步一步取消已做操作。

在已经执行了"编辑"→"后退一步"命令后，"编辑"→"前进一步"命令才会被激活，选择此命令，可以向前重做已执行过的操作。

### 1.10.2 使用"历史记录"面板进行纠错

"历史记录"面板具有依据历史记录进行纠错的强大功能，如果使用 1.10.1 小节介绍的简单命令，无法得到需要的纠错效果，则需要使用此面板进行操作。

此面板几乎记录了进行的每一步操作。通过观察此面板，可以清楚地了解到以前所进行的操作步骤，并决定具体回退到哪一个位置，如图1.51所示。

在进行一系列操作后，如果需要后退至某一个历史状态，则直接在历史记录列表区中单击该历史记录的名称，即可使图像的操作状态返回至此，此时在所选历史记录后面的操作都将以灰度显示。例如，要回退至第一个"矩形工具"的状态，可以直接在此面板中单击该历史记录，如图1.52所示。

图1.51                                                  图1.52

在默认状态下，"历史记录"面板只记录最近20步的操作，要改变记录步骤，可选择"编辑"→"首选项"→"性能"命令或按Ctrl + K组合键，在弹出的"首选项"对话框中改变"历史记录状态"数值即可。

# 1.11  学习总结

本章介绍了Photoshop的应用领域，以及位图、矢量图、像素和分辨率等关键性概念；介绍了如何启动、退出Photoshop，以及Photoshop的工作界面组成；详细纠正了操作中的错误。

# 第2章

## Photoshop CC 的基本操作

● **知识要点**

- 工作界面的个性化设置
- 调整图像的显示
- 辅助工具在图像处理中的应用
- 前景色和背景色的设置方法
- 颜色的基本用法

● **章前导读**

在本章中，将学习工作界面的个性化设置，例如，工具箱和调板的显示/隐藏、调板的拆分与组合；调整图像的显示方式，例如放大、缩小图像显示比例等；标尺、参考线、网络在图像处理中的应用；设置颜色的方法。

## 2.1    工作界面的个性化设置

Photoshop 的工作界面并不是一成不变的，根据实际需要，还可以对其进行各种调整，如可以灵活地将工具箱、调板隐藏，或将调板拆分、重新组合。

### 2.1.1    工具箱和调板的隐藏与显示

在 Photoshop CC 工作界面中，要关闭工具箱和所有调板，可按 Tab 键。再次按 Tab 键将重新显示工具箱和所有调板。图 2.1 所示为打开本书配套光盘"素材与实例"→"Ph2"→"1.jpg"文件后，初始状态下和按 Tab 键后的工作界面效果。

 →

图 2.1

### 2.1.2 调板的拆分与组合

调板不仅可以隐藏，还可以根据需要将它们任意拆分、移动和组合。

要使"图层"调板从原来的调板窗口中拆分为独立的调板，可单击"图层"标签并按住鼠标左键不放，拖动到所需的位置，如图2.2所示。

图 2.2

要还原"图层"调板到窗口中，只需要将其拖回原来的调板窗口内即可。但重新组合的调板只能添加在其他调板后面，如图2.3所示。

### 2.1.3 复位调板显示

如果用户已经将调板分离，此时又想恢复其初始位置，可选择"窗口"→"工作区"→"复位调板位置"菜单。

### 2.1.4 自定义工作界面

在 Photoshop CC 中，用户可根据需要和个人习惯自定义不同的工作界面，并将其保存起来，以方便进行不同的操作时，切换到所需的界面中。要自定义工作界面，可执行如下操作：

**步骤1** 先根据自己的需要调整好所需的工作界面，如只保留菜单栏、工具箱、工具属性栏、图层等，如图2.4所示。

图 2.3                    图 2.4

**步骤2**　选择"窗口"→"工作区"→"新建工作区"菜单，弹出"新建工作区"对话框，如图 2.5 所示。

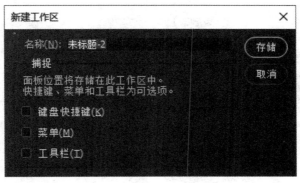

图 2.5

**步骤3**　在"名称"后面的文本框中可以输入自定义工作界面的名称，单击"存储"按钮保存界面，保存好的工作界面将自动出现在"窗口"→"工作区"菜单中，直接选择便可调用。

## 2.2　调整图像的显示

在 Photoshop 的工作区域里，用户可同时打开多个图像窗口，其中当前窗口将会出现在最前面。根据工作需要，用户可能经常需要移动窗口的位置、调整窗口尺寸、改变窗口的排列或在各窗口之间切换，为此，本节将向读者介绍调整图像显示的相关知识。

### 2.2.1　改变图像窗口的位置和尺寸

当窗口未处于最大化状态时，单击图像窗口标题栏并拖动即可移动窗口的位置。

要调整图像窗口的尺寸，用户可以利用图像窗口右上角的"最小化"按钮 ▣ 和"最大化"按钮 ▣ ，还可以通过将光标置于图像窗口边界（此时光标呈 ↕、↔、↗ 或 ↘ 形状），然后拖动鼠标来进行调整，如图 2.6 所示。

图 2.6

### 2.2.2　调整图像窗口排列和切换当前窗口

当打开多个图像窗口时，屏幕可能会显得有些凌乱。为此，用户可通过选择"窗口"→"排列"菜单中的"层叠""水平平铺""垂直平铺"和"排列图标"菜单项，来改

变图像窗口的显示状态，如图2.7所示。

图2.7

**提示：**

要在打开的多个窗口间切换，可直接单击想要处理的窗口，或者按下 Ctrl + Tab 或 Ctrl + F6 组合键。

### 2.2.3 切换屏幕显示模式

在 Photoshop 的工具箱中，系统提供了 3 个设置工具显示方式，其中包括一个标准屏幕模式工具和两个全屏模式工具。单击不同的按钮，屏幕将切换到不同的显示模式，如图2.8所示。

图2.8

### 2.2.4　放大、缩小和100%显示图像

在处理图像时，放大、缩小和100%显示图像都是使用频率非常高的操作。下面分别介绍。

1. 放大、缩小图像

选择缩放工具后，将鼠标移至图像窗口，此时光标呈状，单击鼠标即可将图像大小放大一倍显示。若按住Alt键不放，此时光标呈状，在图像窗口中单击鼠标，可将图像缩小1/2显示。

选择缩放工具  后，在图像窗口拖出一个矩形区域，则该区域将被放大至充满窗口，如图2.9所示。

图2.9

**提示：**

按 Ctrl ++ 或 Ctrl +− 组合键可快速地放大或缩小图像。

选择"视图"→"放大"或"缩小"菜单，可使图像放大一倍或缩小1/2显示。

将光标置于"导航器"调板的滑块▲上，左右拖动缩小或放大图像，如图2.10所示。

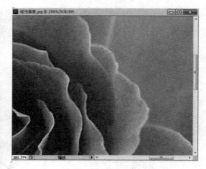

图2.10

**提示：**

"导航器"调板中预览框的红色线框表示在屏幕上显示的区域。

在缩放工具 未选中的状态下编辑图像时，可通过按 Shift + Ctrl + 空格组合键，快速切换到缩放工具 ，光标呈 形状时，可放大图像显示；按住 Alt + Shift + 空格组合键，光标呈 形状时，可缩小图像显示。

2. 100%显示图像

100%显示图像是指图像以实际像素显示在窗口中。当100%显示图像时，用户看到的是最真实的图像效果。

➤ 在工具箱中双击缩放工具 ，可以将图像100%显示。

➤ 选择缩放工具 后，在图像窗口单击右键，在弹出的快捷菜单中选择"实际像素"。

➤ 选择"视图"→"实际像素"菜单，也可以将图像100%显示。

**提示：**

选择"视图"→"按屏幕大小缩放"菜单，可以使图像以最合适的比例完整显示；选择"视图"→"打印尺寸"菜单，图像以实际打印尺寸显示。

### 2.2.5　移动显示区域

当图像超出当前显示窗口时，系统将自动在显示窗口的右侧和下方出现垂直或水平滚动条。此时，如果想移动图像的显示区域，可以执行下面的任何一种操作。

➢ 直接拖动滚动条移动图像的显示区域。

➢ 选择抓手工具 后，光标呈 形状，在显示窗口拖动光标即可改变图像显示区域，如图 2.11（a）所示。

➢ 使用"导航器"调板可随时改变显示区域，方法是将光标移至"导航器"调板的红色线框上，然后按下并拖动鼠标。打开本书配套光盘"素材与实例"→"Ph2"→"2.jpg"文件，进行移动显示区域，如图 2.11（b）所示。

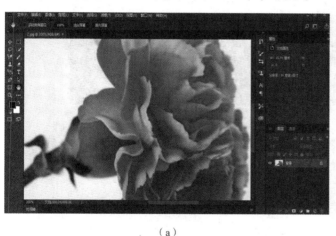
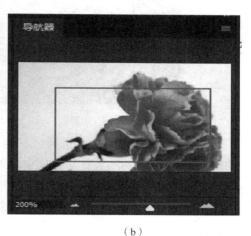

（a）　　　　　　　　　　　　　　　　　　（b）

图 2.11

**提示：** 按住空格键不放，可切换到抓手工具 。

## 2.3　辅助工具在图像处理中的应用

在 Photoshop 中，为方便用户在处理图像时能够精确定位光标的位置和进行选择，系统提供了一些辅助工具供用户使用，本节就对其进行简要介绍。

### 2.3.1　标尺和参考线

利用标尺和参考线可以精确定位图像的位置。如，在制作图书封面时，经常会用到标尺和参考线来定位各个面之间的位置，如图 2.12 所示。

**打开或关闭标尺：** 可选择"视图"→"标尺"菜单（或按 Ctrl + R 组合键）。

**创建参考线的方法 1：** 单击图像左侧或顶部的标尺，然后向图像窗口内拖动鼠标，即可创建水平或垂直参考线，根据需要可创建多条参考线。

图 2.12

创建参考线的方法 2：选择"视图"→"新建参考线"菜单，弹出"新建参考线"对话框，如图 2.13 所示。在对话框中设置"取向"和"位置"后，单击"确定"按钮也可以添加一条新参考线。

移动参考线：按下 Ctrl 键或选择移动工具 ▶ 后，将光标移至参考线上方，此时光标将呈 ↔ 状，单击并按下鼠标左键，拖动到合适的位置后松开鼠标即可。

显示隐藏参考线：连续按 Ctrl + H 组合键或选择"视图"→"显示"→"参考线"菜单，可显示或隐藏参考线。

删除参考线：如果要删除一条或几条参考线，用移动

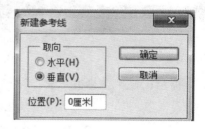

图 2.13

工具 ▶ 直接将参考线拖出画面即可。如果要删除所有参考线，可选择"视图"→"清除参考线"菜单。

锁定参考线：有时参考线会不小心被移动，这时可选择"视图"→"锁定参考线"菜单。

设置参考线属性：如果想更改参考线的颜色或样式，可选择"编辑"→"首选项"→"参考线、网格和切片"菜单，弹出"首选项"对话框，在"参考线"设置区的"颜色"下拉列表中可以选择参考线的颜色，在"样式"下拉列表中可以设置参考线的样式，如图 2.14 所示。

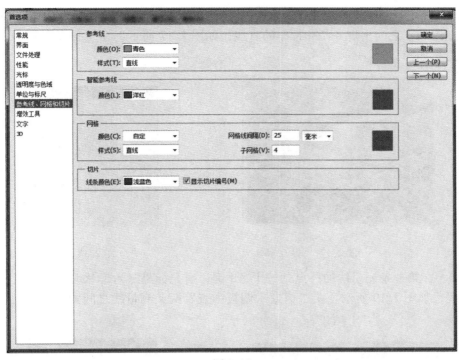

图 2.14

## 2.3.2　网　格

使用网格对于精细的操作非常有用，选择"视图"→"显示"→"网格"菜单或按 Ctrl + '组合键，可在图像窗口显示网格，如图 2.15 所示。

## 2.3.3　度量工具

利用度量工具 ，可以方便地测量任意两点的距离和角度，其使用方法如下：

**步骤 1**　打开本书配套光盘"素材与实例"→"Ph2"→"3. jpg"文件，如图 2.16 所示。

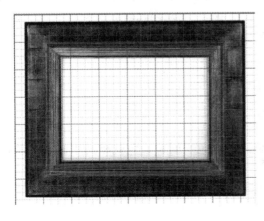

图 2.15

图 2.16

**步骤2** 在工具箱中选择度量工具  ，在要测量的起点处单击，然后拖动鼠标至要测量的终点，此时两点之间出现一条非打印的直线，如图2.17所示。在"信息"调板中可查看测量的信息，如图2.18所示。

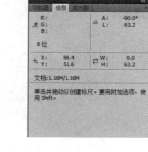

图2.17　　　　　　　　　　　　　　　　图2.18

**步骤3** 在第一条测量线的终点处按下Alt键，当光标呈三角形状时，拖动光标画出第二条测量线，如图2.19所示。在"信息"调板中查看两条测量线之间的角度和长度，如图2.20所示。

图2.19　　　　　　　　　　　　　　　　图2.20

**提示：**

要删除测量线，可在工具属性栏单击"清除"按钮。测量时按住Shift键，可以沿水平、垂直或45°方向进行测量。将光标移至测量线上并拖动光标，可改变度量线的位置；将光标移至测量点处单击并拖动，可改变测量点的位置。

# 2.4　前景色和背景色的设置方法

在使用Photoshop时，经常要设置前景色和背景色。前景色相当于使用的颜料或笔的颜色，当使用画笔、铅笔等工具绘画时，都是使用前景色。而背景色就相当于画布的颜色，在背景色上擦出图像后，露出来的就是背景色。

## 2.4.1　利用"拾色器"对话框设置颜色

在工具箱的下方，用户可以看到两个色块，如图2.21所示，前面的黑色色块就是前景色设置工具，而后面的白色色块就是背景色设置工具。

**提示：**

英文输入法状态下，按 D 键可将前景色和背景色恢复成默认的黑色和白色；按 X 键可快速切换前景色和背景色。

设置颜色时，最常用的方法就是通过单击工具箱中的前景色或背景色按钮，打开"拾色器"对话框进行设置，如图2.22所示。

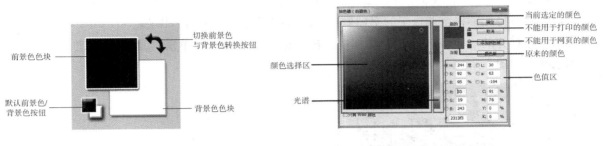

图2.21　　　　　　　　　　　　　　　图2.22

> **颜色区：** 在"拾色器"对话框左侧的颜色区直接单击可选取颜色。
> **光谱：** 拖动光谱的滑块 ▷、◁ 可改变颜色区的主色调。
> **颜色数值观察和设置区：** 在该区域可直接输入数值来选择颜色。
> **"颜色库"按钮：** 单击该按钮，可弹出"颜色库"对话框，其中对话框左侧的颜色列表显示了与当前选中颜色同一色系的颜色，如图2.23所示。单击"拾色器"按钮，可返回"拾色器"对话框。

颜色设置好后，单击"确定"按钮即可将所需的颜色设置成前景色或背景色。

### 2.4.2　利用"颜色"调板设置颜色

在"颜色"调板中，先单击前景色或背景色颜色框，然后拖动 R、G、B 滑块或直接输入数值可以改变前景色或背景色，如图2.24所示。

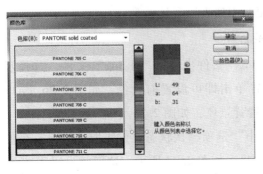　　　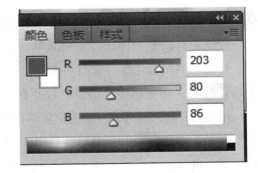

图2.23　　　　　　　　　　　　　　　图2.24

**提示：**

单击"颜色"调板右上角的按钮，用户可以从打开的菜单中选择其他设置颜色的方式及颜色样板条类型。

### 2.4.3 利用"色板"调板设置颜色

为了方便用户快速选择颜色，系统还提供了"色板"调板。该调板中的颜色都是系统预先设置好的，用户可以方便地直接从中进行选取而不用自己配置。

➤ 设置前景色时，直接用鼠标单击"色板"调板中的色块即可。

➤ 设置背景色时，按住 Ctrl 键的同时单击"色板"调板中的色块即可。

➤ 要在"色板"调板中添加色样，应首先利用"颜色"调板或拾色器设置好要添加的颜色，然后将光标移至调板中的空白处单击（此时光标为油漆桶形状 ），如图 2.25（a）所示。在打开的"色板名称"对话框中，输入色样名称或直接单击"确定"按钮，即可添加色样，如图 2.25（b）所示。

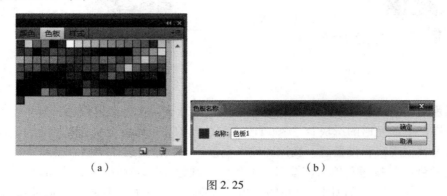

（a）                                （b）

图 2.25

如果要删除色样，可首先按下 Alt 键，当光标呈现剪刀状时，单击要删除的色样方格即可。

### 2.4.4 用吸管工具从图像中获取颜色

吸管工具 是个很有用的工具，它可以帮助用户在图像或调板中吸取所需要的颜色，并将它设置成前景色或者背景色。如：要修补图像某个区域颜色，通常从该区域附近找出相近的颜色，然后再用该颜色处理并修补，此时便要用到吸管工具 。

吸管工具 的使用方法很简单，相关操作如下：

打开本书配套光盘"素材与实例"中的"Ph2"文件夹中的"4.jpg"文件，选择吸管工具 后，将光标移至图像窗口并在取色位置单击即可设置前景色，如图 2.26（a）所示。按住 Alt 键的同时，在取色位置单击即可设置背景色，如图 2.26（b）所示。

在吸管工具 的工具属性栏中，"取样大小"选项默认状态下仅吸取光标下一个像素的颜色，也可以选择"3×3 平均"或"5×5 平均"，如图 2.27 所示。这样就可以吸取 3×3 或 5×5 像素的颜色平均值。

（a）　　　　　　　　　　　　（b）

图 2.26

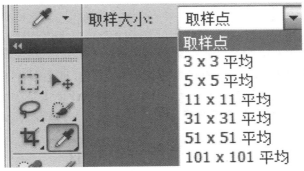

图 2.27

## 2.5　学习总结

　　本章主要介绍了 Photoshop 的基本操作，如设置个性化工作界面，可以最大化地利用屏幕空间，便于处理图形；调整图像显示方式，可以对图像进行细微处理、整体观察；借助标尺、参考线、网格和度量等辅助工具进行精确绘图；利用"拾色器""色板""调板""颜色"等为图像添加丰富的色彩。

　　Photoshop 还提供了大量的快捷键，大家一定要养成使用快捷键的习惯，才能提高处理图形的速度。

# 第 3 章
## 选区的创建与编辑

● **知识要点**

- 创建规则选区
- 创建不规则选区
- 修改选区
- 选区的编辑与应用

● **章前导读**

利用 Photoshop 编辑图像（如调整图像的色调与色彩、填充颜色等）时，大部分的操作都是针对当前选区内的图像区域，因此，掌握好选区的制作方法非常重要。在本章中，将学习如何创建规则选区、不规则选区及颜色相近选区；了解如何修改、编辑和应用选区。

## 3.1 创建规则选区

创建图像选区的工具和方法有多种，其中矩形 ▨ 选框工具、椭圆 ◯ 选框工具、单行 ▭ 选框工具和单列 ▮ 选框工具都是用来定义规则选区的工具。

### 3.1.1 矩形和圆形选区的制作方法

如果需要创建矩形、正方形选区，可以选择矩形选框工具 ▨ 。如果要创建椭圆或正圆选区，可以选择椭圆选框工具 ◯ 。创建规则选区的操作方法如下。

**步骤 1** 打开本书配套光盘中的"素材与实例"→"Ph3"→"1. jpg"和"2. jpg"文件，如图 3.1 所示。然后将"1. jpg"置为当前文档。

**步骤 2** 在工具箱中选择矩形选框工具 ▨ ，如图 3.2 所示。此时工具属性栏显示相关参数，如图 3.3 所示。

➢ ▨▨▨▨ **选取运算按钮**：通过单击不同的按钮，可以控制选区的创建方式。

➢ **羽化**：设置羽化值后，选区的虚线框会缩小并且拐弯变得平滑，填充的颜色不再局限于选区的虚线框内，而是扩展到了选区之外，并且呈现逐渐淡化的效果，如图 3.4 所示。

图 3.1

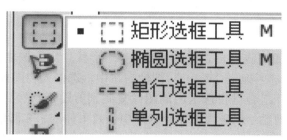

图 3.2

图 3.3

图 3.4

➤ □消除锯齿 **消除锯齿**：该复选框只有选择椭圆选框工具 ◯ 后才会被激活，用于消除选区锯齿边缘，从而在视觉上消除锯齿现象。图 3.5 所示是勾选"消除锯齿"复选框和未勾选"消除锯齿"的对比图。

➤ **样式**：在该选项的下拉列表里选择"正常"选项，用户可通过拖动的方法选择任意尺寸和比例的区域；选择"固定比例"或"固定大小"选项，系统将以设置的宽度和高度比例或大小定义选区，其比例或大小都由工具属性栏中的宽度和高度编辑框定义。

**步骤 3** 将光标移至图像窗口中，在相框内部的左上角单击鼠标，然后按住鼠标左键不

放向右下角拖曳，释放鼠标后，即可创建一个矩形选区，如图 3.6 所示。

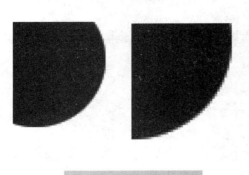

图 3.5                    图 3.6

**步骤 4**    将光标放置在选区内，此时光标呈 ▷ 形状。然后按住鼠标左键，当光标呈 ▶ 形状时，拖动鼠标，将选区拖至 "2. jpg" 图像窗口中，选框人物图像，如图 3.7 所示。

**步骤 5**    按 Ctrl + C 组合键将选区内的图像复制到剪贴板，然后切换到 "1. jpg" 文件，再按 Ctrl + V 组合键将剪贴板的图像粘贴到相框中，效果如图 3.8 所示。

图 3.7                    图 3.8

### 3.1.2   创建单行单列选区

利用单行选框工具 ━━ 和单列选框工具 ▮▮ 可建立 1 个像素宽的横向或纵向选区，这两个工具主要用于制作一些线条。下面通过制作抽线图来介绍单行和单列工具的使用方法。

**步骤 1**    打开本书配套光盘中的 "素材与实例" → "Ph3" → "3. jpg" 文件，如图 3.9 所示。

**步骤 2**    在工具箱中按住矩形选框工具 ▢ 不放，在弹出的工具条框中选择单行选框工

具 , 如图 3.10 所示。

图 3.9　　　　　　　　　　　　　　　　图 3.10

**步骤 3**　再向窗口下部单击鼠标绘制一条横向选区，如图 3.11（a）所示。然后按住 Shift 键的同时，用鼠标在图像上多次单击，可建立多条选区，如图 3.11（b）所示。

（a）　　　　　　　　　　　　　　　　（b）

图 3.11

**步骤 4**　选择单行选框工具 ，按下 Shift 键的同时，用鼠标在图像上多次单击添加多条纵向选区，如图 3.12 所示。

**步骤 5**　将前景色设置为白色，然后按 Alt + Delete 组合键用前景色填充选区。

**步骤 6**　最后选择"选择"→"取消选择"菜单，或者按 Ctrl + D 组合键，取消选区，就得到了如图 3.13 所示的抽线图效果，它可为图像增色不少。

### 3.1.3　选区的增减与相交

为了更好地满足用户制作选区的需要，在选择矩形选框、椭圆选框、套索、魔棒等工具后，工具属性栏左侧有一组专门用于选区相加、相减和相交的运算按钮 。它们可以在制作选区时带来很多方便。

图 3. 12                                          图 3. 13

➤ **新选区** □ ：单击它可以创建新的选区。如果已存在选区，则绘制的选区会取代已有的选区；如果在选区外单击，可取消选区。

➤ **添加到选区** □ ：单击它可创建新选区，也可在原选区上添加新的选区。

➤ **从选区减去** □ ：单击它可创建新选区，也可在原选区的基础上减去不需要的选区。

➤ **与选区交叉** □ ：单击它可创建新选区，也可创建与原选区相交的选区。

下面利用选区的相加、相减和相交来制作一个卡通企鹅。

**步骤 1**　先来绘制背景。按 Ctrl + N 组合键，打开"新建"对话框，参考图 3.14 所示设置文档参数，单击"确定"按钮，新建一个白色背景的文件。

图 3. 14

**步骤 2**　将前景色设置为蓝色（#87ecf2），背景色为白色。按 Alt + Delete 组合键用前景色填充画布。

**步骤 3**　在工具箱中选择椭圆选框工具 ○ ，在其工具属性栏中设置"羽化"为 50 像素，然后在图像窗口中绘制一个椭圆选区，按 Ctrl + Delete 组合键，用背景色填充选区，得到如图 3.15 所示的羽化效果。

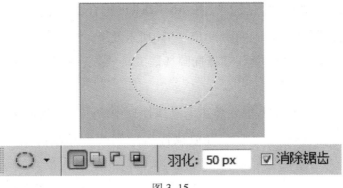

图 3.15

**步骤 4**　下面绘制企鹅头部。在椭圆选框工具 属性栏中将"羽化"设置为 0，然后按住 Shift 键的同时，在图像窗口中绘制一个圆形选区，如图 3.16（a）所示。

**步骤 5**　单击椭圆选框工具 属性栏中的"从选区减去"按钮 ，将光标移至圆形选区内部并单击鼠标，然后按住 Shift 键的同时，再拖动鼠标，绘制一个圆形选区，释放鼠标后，得到两者相减的选区，如图 3.16（b）所示。

（a）　　　　　　　　　　　　　　　（b）

图 3.16

**步骤 6**　选择矩形选框工具 ，单击其工具属性栏中的"添加到选区"按钮 ，然后在头部选区的左侧绘制矩形选区，如图 3.17（a）所示。

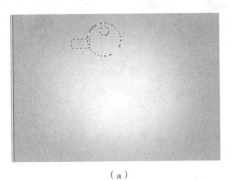
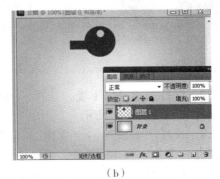

（a）　　　　　　　　　　　　　　　（b）

图 3.17

**步骤 7** 将前景色设置为深蓝色（#2a3ad6）。在"图层"调板中，单击调板底部的"创建新图层"按钮 ▣ ，新建"图层 1"。按 Alt + Delete 组合键，用前景色填充选区，最后，按 Ctrl + D 组合键取消选区，得到如图 3.17（b）所示效果。

**步骤 8** 下面绘制企鹅的身体，选择椭圆选框工具 ◯ ，然后在头部下面绘制一个椭圆选区，如图 3.18（a）所示。

**步骤 9** 选择矩形选框工具 ⬚ ，单击工具属性栏中的"从选区减去"按钮 ⬚ ，然后在绘制的椭圆选区上绘制矩形选区，释放鼠标后得到两者相减的选区，如图 3.18（b）所示。

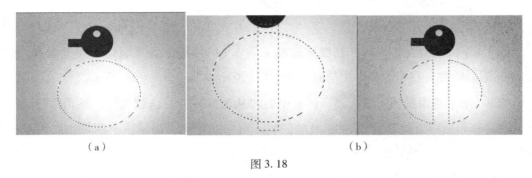

（a） （b）

图 3.18

**步骤 10** 按 Alt + Delete 组合键，用前景色填充选区，并取消选区，得到如图 3.19 所示效果。

**步骤 11** 选择矩形选框工具 ⬚ ，单击工具属性栏中的"添加到选区"按钮 ⬚ ，然后在身体的下面绘制选区，并用前景色填充，作为企鹅的脚，如图 3.20 所示。

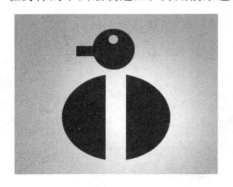
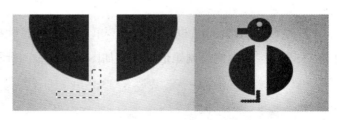

图 3.19 图 3.20

**步骤 12** 保持当前选区不变，选择"选择"→"变换选区"菜单，选区的周围显示自由变形框，如图 3.21（a）所示。

**步骤 13** 选择"编辑"→"变换"→"水平翻转"菜单，对选区执行水平翻转操作，如图 3.21（b）所示。按 Enter 键，确认变形操作。

**步骤 14** 按键盘上的→键，将选区向右移至合适的位置，并使用前景色填充，得到企鹅的两条腿，如图 3.22 所示。

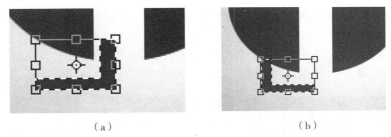

（a）　　　　　　　　　　　　　（b）

图 3.21

**步骤 15**　用椭圆选框工具 ，在头部与身体之间的部位绘制一个椭圆选区，如图 3.23 所示。

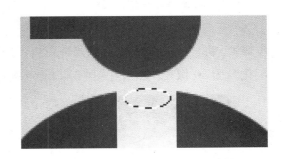

图 3.22　　　　　　　　　　　　　　　图 3.23

**步骤 16**　选择矩形选框工具 ，按住 Alt 键的同时，在椭圆选区上绘制矩形选区，释放鼠标后，得到两者相减的选区，如图 3.24（a）所示。

**步骤 17**　选择椭圆选框工具 ，按住 Shift 键的同时在原有选区的基础上再添加一个选区，得到企鹅的领结的选区，如图 3.24（b）所示。按 Alt + Delete 组合键，用前景色填充选区，并取消选区，得到如图 3.24（c）所示企鹅图像。至此，一只小企鹅就绘制好了。

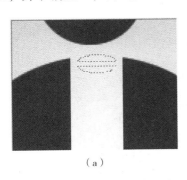

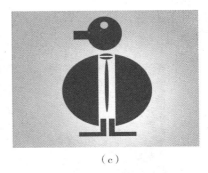

（a）　　　　　　　　　　　（b）　　　　　　　　　　　（c）

图 3.24

### 3.1.4　选区的羽化效果

选区的羽化是 Photoshop 中使用频率非常高的一个命令。利用它可使选区的边缘呈现柔和的淡化效果。设置选区的羽化方法有两种：一种是直接选择"羽化"菜单，在弹出的对话框中设置；另一种是制作选区之前，先在工具属性栏中设置羽化值。下面通过制作一张艺术照片来具体学习其使用方法。

**步骤 1** 打开本书配套光盘中的"素材与实例"→"Ph3"→"4.jpg""5.jpg"和"6.jpg"文件，如图 3.25 所示。

图 3.25

**步骤 2** 将"5.jpg"图像置为当前窗口。选择椭圆选框工具 ，在其工具属性栏中设置"羽化"为 50 像素，然后在图像窗口绘制椭圆选区，框选人物图像，如图 3.26 所示。

图 3.26

**步骤 3** 按 Ctrl + C 组合键，将选区内图像复制到剪贴板。然后将"4.jpg"置为当前操作窗口，按 Ctrl + V 组合键，将剪贴板中的图像粘贴到窗口中。再用移动工具 将其移至窗口的右上角位置，如图 3.27 所示。

**步骤 4** 将"6.jpg"置为当前操作文件，用矩形选框工具绘制如图 3.28 所示选区 。

图 3.27            图 3.28

**步骤 5** 选择"选择"→"羽化"菜单，打开"羽化选区"对话框，在对话框中设置"羽化半径"为 50 像素，如图 3.29 (a) 所示。设置完毕，单击"确定"按钮，得到如图 3.29 (b) 所示羽化后的选区。

（a）　　　　　　　　　　　　　　　　　　　（b）

图 3.29

**步骤 6** 选择移动工具 ，在制作好的选区上按鼠标左键不放，拖至"4.jpg"图像窗口中，将人物放置在窗口的左下角位置，得到如图 3.30 所示的艺术照片效果。

图 3.30

## 3.2　创建不规则选区

Photoshop CC 提供了 3 种套索工具（套索工具） 、多边形套索工具 和磁性套索工具 ，如图 3.31 所示，利用它们可以非常方便地制作不规则选区。下面对其进行详细介绍。

**提示：**

套索工具组的快捷键是 L，重复按 Shift + L 组合键，可以在工具之间切换。

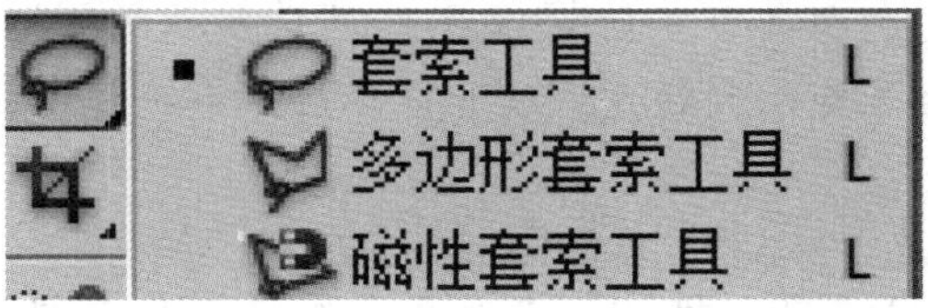

### 3.2.1　利用套索工具制作不规则选区

图 3.31

套索工具 的使用非常随意，可定义任意形状的区域。其工具属性栏的选项与矩形

选框工具 ⬚ 相同，这里不再重复了。下面以选取一个小木船为例，说明该工具的具体用法。

**步骤1** 打开本书配套光盘中的"素材与实例"→"Ph3"→"7. jpg"文件，选择套索工具 🅞 ，然后在图像窗口单击，以确定起点，再拖动鼠标定义要选择的区域，如图3.32所示。

图3.32

**步骤2** 当鼠标回到起点时释放鼠标，可得到一个封闭的选区，如图3.33所示。

**步骤3** 如果直接将制作好的选区图像拖至其他图像中，图像的边缘会非常生硬。下面按 Alt + Ctrl + D 组合键，在弹出的"羽化选区"对话框中设置"羽化半径"为10像素，如图3.34所示，然后，单击"确定"按钮，关闭对话框。

图3.33　　　　　　　　　　　图3.34

**步骤4** 打开本配套光盘中的"素材与实例"→"Ph3"→"8. jpg"文件，并将步骤3中的选区放置在合适的位置，那么简单的几步就使湖面上多了一只小木船。

**提示：**

在用套索工具 🅞 绘制选区的过程中，如果按 Esc 键，可取消正在创建的选区；如果鼠标未拖动到起点，松开鼠标后，系统会自动用直线将起点和终点连接起来，形成一个封闭选区。

### 3.2.2 利用多边形套索工具制作多边形选区

多边形套索工具可以通过单击图像上不同的点，来制作一些像三角形、五角星等棱角分明、边缘呈直线的多边形选区，下面通过选取一个小盒子说明该工具的用法。

**步骤1** 打开本书配套光盘中的"素材与实例"→"Ph3"→"9. jpg"文件，如图3.35

所示，这里要选取图像中的红色盒子。

**步骤2** 在工具箱中选择多边形套索工具 ，在红盒子左侧拐角处单击确定起点，然后马上松开鼠标并移动光标，并在需要拐弯处再次单击鼠标，此时第一条边线即被定义，如图3.36所示。

图3.35　　　　　　　　　　　图3.36

**步骤3** 松开鼠标按键后继续移动光标，在需要拐弯处再次单击鼠标可定义第二条边线，依此类推，最后，当鼠标移至起点时，光标的右下角出现一个小圆圈，单击鼠标即可形成一个封闭的选区，如图3.37所示。

图3.37

**提示：**

在使用多边形套索工具 制作选区时，双击鼠标可将起点与终点自动连接，按下Shift键，可按水平、垂直或45°角方向定义边线；按下Alt键，可切换为套索工具 ；按下Delete键，可取消最近定义的边线；按住Delete键不放，可取消所有定义的边线，与按下Esc键的功能相同。

### 3.2.3 利用磁性套索工具制作边界明显的选区

使用磁性套索工具 ，可以自动捕捉图像对比度较大的两部分的边界，以磁铁一样的吸附方式，沿着图像边界绘制选区范围。它特别适用于选择边缘与背景对比强烈的对象。

下面以选取一朵花为例来说明其用法。

**步骤1** 打开本书配套光盘中的"素材与实例"→"Ph3"→"10.jpg"文件，如图3.38所示，这里要选取图像中的紫色花朵。

图3.38

**步骤2** 在工具箱中选择磁性套索工具 ，在工具属性栏中设置其属性，如图3.39所示。

图3.39

**步骤3** 属性设置好后，在花的边缘单击，以确定起点，如图3.40所示，然后松开鼠标，并沿着要定义的花朵边界移动光标，系统会自动在设定的像素宽度内分析图像，从而精确定义区域边界。

图3.40

**步骤4** 当鼠标移至起点附近时，鼠标旁边将出现一个圆圈，如图3.41所示，这时单击鼠标即可完成选取，如图3.42所示。

图 3.41                       图 3.42

**提示：**

选取过程中，还可强制鼠标所走的路线。例如，在本例中，当鼠标经过花边缘的拐角处时，选取的路线不是很精确，这时可以在需要增加锚点的地方单击，手工确定锚点。如果所选取的边界不符合要求，可按 Delete 键删除所定位的节点，从而进行撤回。

### 3.2.4 上机实践——制作壁纸

通过前面的学习，我们已经初步了解套索工具的使用方法，下面通过绘制如图 3.43 所示壁纸来做一个"小测验"，检查你对这些工具的了解程度，巩固一下所学的知识。

图 3.43    风景贺卡

**制作分析：**

本例先利用套索工具绘制白云，用多边形套索工具、椭圆选框工具和套索工具绘制椰树；然后利用多边形套索工具绘制小船，用椭圆选框工具绘制海鸥；最后再制作小船的倒影，并用横排文字工具输入文字完成制作。

**制作步骤：**

**步骤 1**   按 Ctrl + N 组合键，打开"新建"对话框，参照图 3.44 所示设置文档参数。单击"确定"按钮，新建一个空白画布。

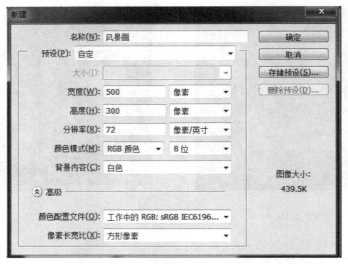

图 3.44

**步骤 2** 将前景色设置为蓝色（#17b6f8），按 Alt + Delete 组合键，用前景色填充画布，得到如图 3.45 所示效果。

**步骤 3** 制作渐变效果。将前景色设置为淡蓝色（#7cdafe），选择工具箱中的套索工具，在工具属性栏中设置"羽化"为 50 像素，然后在图像窗口中绘制选区，如图 3.46（a）所示，按 Alt + Delete 组合键用前景色填充选区，并取消选区，得到渐变效果，如图 3.46（b）所示。

图 3.45

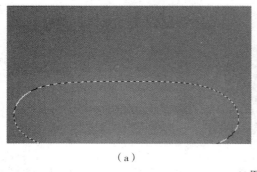

（a）

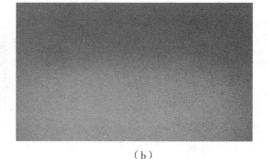

（b）

图 3.46

**步骤 4** 下面绘制白云。在套索工具属性栏中将"羽化"设置为 0，然后在窗口中绘制如图 3.47（a）所示的选区，按 Alt + Ctrl + D 组合键，打开"羽化选区"对话框，在对话框中设置"羽化半径"为 10，单击"确定"按钮，将选区羽化。

**步骤 5** 按 Ctrl + Delete 组合键，用背景色填充选区，并按 Ctrl + D 组合键取消选区，得到如图 3.47（b）所示白云。

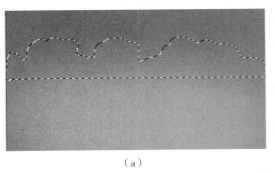
（a）

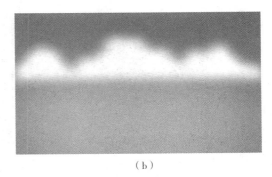
（b）

图 3.47

**步骤 6**　下面绘制椰树。将前景色设置为驼色（#c4c9e），然后用多边形套索工具 绘制如图 3.48（a）所示树干的选区，然后按 Alt + Delete 组合键，用前景色填充，得到椰树树干，如图 3.48（b）所示，最后，按 Ctrl + D 组合键取消选区。

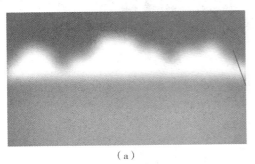
（a）

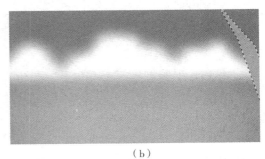
（b）

图 3.48

**步骤 7**　将前景色设置为褐色（#a99240），按住 Shift 键的同时，用椭圆选框工具 在树干的顶端绘制 3 个椭圆选区，如图 3.49（a）所示。然后用前景色填充选区，并取消选区，得到椰子图像，如图 3.49（b）所示。

（a）

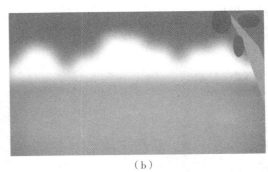
（b）

图 3.49

**步骤 8**　将前景色设置为绿色（#3eealc），用套索工具 绘制树叶的形状，然后用前景色填充。绘制的树叶效果如图 3.50（b）所示。

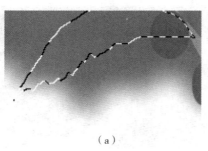
（a）

（b）

图 3.50

**步骤 9** 下面绘制小船。将前景色设置为棕色（#9d7531），选择工具箱中的多边形套索工具 ，然后在窗口中绘制如图 3.51（a）所示选区。按 Alt + Delete 组合键用前景色填充选区，并取消选区，得到如图 3.51（b）所示小船。

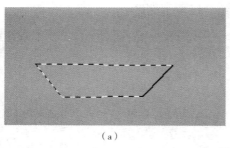
（a）

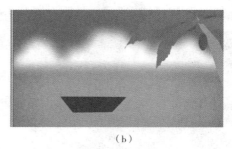
（b）

图 3.51

**步骤 10** 再用多边形套索工具 绘制一个三角形作为桅杆，并用前景色填充，如图 3.52 所示。

**步骤 11** 将前景色设置为蓝色（#3939f2），用多边形套索工具 绘制如图 3.53（a）所示选区，然后用蓝色填充，作为船帆，如图 3.53（b）所示。

**步骤 12** 用同样的方法绘制另一个船帆，并用红色填充（#fd524d），如图 3.54 所示。

图 3.52

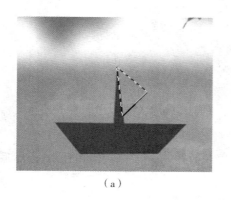
（a）

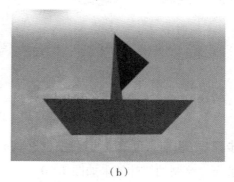
（b）

图 3.53

图 3.54

**步骤 13** 下面绘制海鸥。按住 Shift 键的同时，用椭圆选框工具 ⬭ 绘制两个椭圆选区，如图 3.55（a）所示。然后按住 Alt 键，从下向上拖动鼠标绘制椭圆选区，释放鼠标后得到两者相减的新选区，如图 3.55（b）（c）所示。

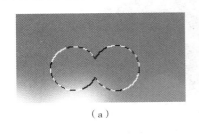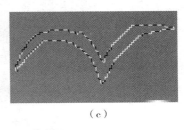

（a）　　　　　　　　　（b）　　　　　　　　　（c）

图 3.55

**步骤 14** 选区绘制好后，按 Ctrl + Delete 组合键，用白色填充，如图 3.56（a）所示。使用相同的方法再绘制两只海鸥，效果如图 3.56（b）所示。

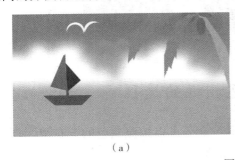

（a）　　　　　　　　　　　　（b）

图 3.56

**步骤 15** 将前景色设置为淡蓝色（#1cb9f9），用套索工具 ⌀ 在小船的下面随意拖动，绘制投影的选区，如图 3.57（a）所示。然后用前景色填充选区，并取消选区，得到如图 3.57（b）所示的投影效果。

**提示：**

在 Photoshop 中，选区非常重要，如果能熟练掌握并运用它们，不但可以快速制作出各种所需的图形、效果，而且可大大提高工作效率。

**步骤 16** 将前景色设置为红色（#fd524d），选择工具箱中的横排文字工具 T，在工具属性栏中设置文字属性，然后在图像窗口单击，当出现闪烁的竖线光标时，输入文字"漂洋过海来看你……"，按 Ctrl + Enter 组合键确认输入操作，其效果如图 3.58 所示。至此，壁纸

就制作好了，将文件保存即可。

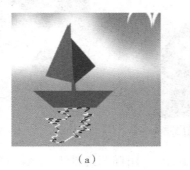
（a）

（b）

图 3.57

图 3.58

# 3.3 创建颜色相近的选区

利用 Photoshop 提供的魔棒工具、"色彩范围"命令可以按照颜色的分布范围创建选区，很神奇吧！那么，下面就去看看它们是怎么工作的吧！

### 3.3.1 用魔棒工具按颜色制作选区

魔棒工具 ![icon] 属于灵活性很强的选择工具，通常用它选取图像中颜色相同或相近的区域，而不必跟踪其轮廓。下面通过一个实例来学习其使用方法。

**步骤1** 打开本书配套光盘中的"素材与实例"→"Ph3"→"11. jpg"文件，如图 3.59 所示。

**步骤2** 在工具箱中选择魔棒工具 ![icon]，在工具属性栏中按下"添加到选区"按钮 ![icon]，将"容差"值设置为 50，如图 3.60 所示。

图 3.59

图 3.60

➢ **容差**：用于设置选取的颜色范围，其值在 0 ~ 255。值越小，选取的颜色越接近；值越大，选取的颜色范围也就越大。

➢ **连续**：勾选该复选框，只能选择色彩相近的连续区域；不勾选该复选框，则可选择图像上所有色彩相近的区域。

➢ **对所有图层取样**：勾选该复选框，可以在所有可见图层上选取相近的颜色；不勾选该复选框，则只能在当前可见图层上选取颜色。

**步骤 3** 属性设置好后，在图像窗口橙色的背景上连续单击鼠标，选取人物背景，如图 3.61 所示。

图 3.61

**步骤 4**　选择"选择"→"反选"菜单，人物被选中，如图 3.62 所示，现在可以随心所欲地对人物进行移动或更换背景等操作了。

### 3.3.2　用"色彩范围"命令按颜色创建选区

利用"色彩范围"命令可以制作非常复杂的选区。用户可通过在图像窗口中指定颜色来定义选区，也可通过指定其他颜色来增加或减少选区。具体使用方法如下。

**步骤 1**　打开本书配套光盘"素材与实例"→"Ph3"→"12.jpg"文件，如图 3.63 所示。下面利用色彩范围命令将画面中的花朵制作成选区。

图 3.62

图 3.63

**提示：**

无论用前面所讲的哪种抠图方法，要抠取图像中的花朵，工作量都非常大。但如果你学会用"色彩范围"命令，就很轻松了。

**步骤 2**　选择"选择"→"色彩范围"菜单，弹出"色彩范围"对话框，如图 3.64 所示。

**步骤 3**　将鼠标移至图像文件中，当鼠标指针变成吸管形状 时，在花朵上单击鼠标，确定取样颜色，此时被选中的范围已经显示在"色彩范围"对话框中了，如图 3.65 所示。

**步骤 4**　由图 3.65 可以看出，花朵并未完全选中，所以可将"颜色容差"值调大一些，以扩大色彩的选取范围，然后选择添加到取样工具。在没有变成白色的花朵上（即未选中的区域）继续单击，增加取样颜色，如图 3.66 所示。这样，花朵就被完全选中了。

**步骤 5**　设置完成后，单击"确定"按钮，花朵被制作成选区，如图 3.67 所示。

**步骤 6**　将花朵制作成选区后，可利用 Photoshop 的其他功能对其做处理。比如要改变花朵的颜色，可选择"图像"→"调整"→"色相/饱和度"菜单，在弹出的对话框中设置如图 3.68 所示参数，单击"确定"按钮，按 Ctrl + D 组合键取消选区，红色的花朵瞬间就变成紫色了，效果如图 3.69 所示。

图 3.64

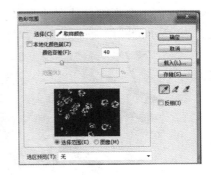

图 3.65

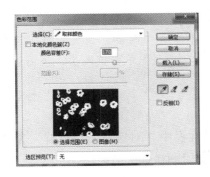

图 3.66

图 3.67

图 3.68

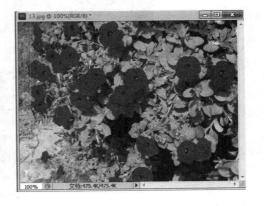

图 3.69

### 3.3.3 图层对选区制作的影响

在使用 Photoshop 时都会用到图层功能，那么究竟什么是图层？图层对制作选区又有哪些影响呢？本小节就来了解一下吧。

1. 图层的概念

"图层"被誉为 Photoshop 的灵魂，在图像处理中具有十分重要的作用。可以把"图层"

理解为几层透明的玻璃叠加在一起，每层玻璃上都有不同的画面，可以单独对每层玻璃上的图像做处理，而不会影响其他层的图像，改变图层的顺序和属性可以改变图像的最后显示效果。图 3.70 所示的图像文件是由"背景""图层 1"和"图层 2"三个图层组成。

图 3.70

**提示：**

在"图层"调板中，各图层自上而下依次排列，即位于"图层"调板中最上面的图层在图像窗口中也位于最上层。要想编辑某个图层的图像，必须先单击该图层，当前选中图层以蓝色显示。

2. 图层对选区的影响

在学习魔棒工具 的使用时，曾提到其工具属性栏中"对所有图层取样"复选框的作用，下面通过一个例子来看看勾选和未勾选该复选框对制作选区的影响。

**步骤 1** 打开本书配套光盘"素材与实例"→"Ph3"→"13. psd"文件，如图 3.71 所示。

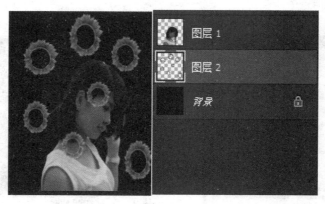

图 3.71

**步骤 2** 选择魔棒工具 ，设置其属性如图 3.72 所示。确保"图层 2"为当前操作图层的情况下，在绿色上单击鼠标，此时魔棒工具 在所有可见图层上选取了相近的颜色，如图 3.73（a）所示。

图 3.72

**步骤 3** 按 Ctrl + D 组合键取消选区，在魔棒工具 的属性栏取消 "对所有图层取样" 和 "连续" 复选框的选取，在蝴蝶上单击鼠标，此时，制作的选区只对当前图层有效，并未影响到其他图层，如图 3.73（b）所示。

（a） （b）

图 3.73

利用 "色彩范围" 命令制作选区的时候，不管该图像包含多少个图层，都以当前显示效果为准进行选取，如图 3.74（a）所示。如果图像中存在选区，则该命令会在已有选区的基础上进行选取，如图 3.74（b）所示。

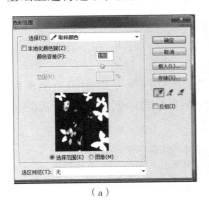

（a） （b）

图 3.74

# 3.4 修改选区

选区制作好后，根据需要，经常要对选区进行修改才能满足需求。为此，Photoshop 提供了很多修改选区的命令，大部分命令可以在 "选择" 菜单中找到，如图 3.75 所示，其中包括全选、反选、扩展或收缩、扩边和平滑选区等，下面分别介绍。

### 3.4.1　移动选区

在已经制作好选区的前提下，确保当前所选工具是选区制作工具，可以用以下方法移动选区（确保在选区制作工具的属性中按下了"新选区"按钮 ）。将光标移至选区内，当光标变形为三角形时，在选区内单击并拖动鼠标，到所需的位置后释放鼠标即可移动选区，如图3.76所示。

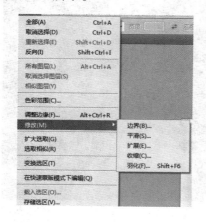

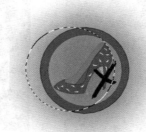 

图 3.75　　　　　　　　　　　　　　　　图 3.76

如果在移动时按下 Shift 键，则只能将选区沿水平、垂直或45°方向移动；如在移动时按下 Ctrl 键，则可移动选区中的图像（相当于选择了移动工具 ）。

使用键盘上的 ↑、↓、←、→ 4 个方向键可每次以 1 个像素为单位精确移动选区。

按下 Shift 键的同时再按方向键，可每次以 10 个像素为单位移动选区。

### 3.4.2　扩展选区与扩边选区

"扩展选区"和"扩边选区"是两个容易混淆的命令。"扩展选区"是对用户所制作的选区均匀地向外扩展，而扩边选区则是用设置的宽度值来围绕已有选区创建一个环状的选区。下面通过一个例子进行说明。

**步骤 1**　打开本书配套光盘中的"素材与实例"→"Ph3"→"14.jpg"文件，利用魔棒工具 在图像空白处单击，选中背景，然后选择"选择"→"反选"菜单，反选选区已选中笑脸，如图3.77所示。

**步骤 2**　选择"选择"→"修改"→"扩展"菜单，打开"扩展选区"对话框，输入"扩展量"为20像素，然后单击"确定"按钮，则选区按指定像素向外扩展，如图3.78所示。

**步骤 3**　按 Ctrl + Z 组合键撤销前一步的扩展选区操作。选择"选择"→"修改"→"边界"菜单，在弹出的对话框中将"宽度"设置为

图 3.77

20 像素，然后单击"确定"按钮，此时以原选区的边缘为基础扩展成一个环状选区，如图 3.79 所示。

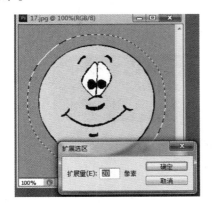

图 3.78                                    图 3.79

### 3.4.3 收缩选区

选区的收缩与选区的扩展正好相反，"收缩选区"可将制作好的选区按指定的像素进行收缩，一般用来制作空心字，如图 3.80 所示。要收缩选区，可选择"选择"→"修改"→"收缩"菜单。

图 3.80

### 3.4.4 平滑选区

平滑选区是按指定的半径值来平滑选区的尖角。通常用来消除用魔棒工具 [图标]、"色彩范围"命令定义选区时所选择的一些不必要的零星区域。下面通过一个例子说明其作用。

**步骤 1** 打开本书配套光盘中的"素材与实例"→"Ph3"→"15.jpg"文件，选择魔棒工具，在工具属性栏中将"容差"值设置为 80，如图 3.81 所示。

图 3.81

**步骤 2** 属性设置好后，在草地上连续单击鼠标，将草地制作成选区。此时还有一些零星的区域未选中，如图 3.82 所示。

**步骤3** 选择"选择"→"修改"→"平滑"菜单，在弹出的"平滑选区"对话框中将"取样半径"设置为20像素（值越大，边界越平滑），单击"确定"按钮，零星区域被消除，如图3.83所示。

图3.82

图3.83

### 3.4.5 扩大选取与选取相似

选择"选择"→"扩大选取"菜单和"选择"→"选择相似"菜单都可在原有选区的基础上扩大选区。

➤ **扩大选取**：可选择与原有选区颜色相近且相邻的区域，如图3.84（b）所示。
➤ **选取相似**：可选择与原有选区颜色相近但互不相邻的区域，如图3.84（c）所示。

（a）

（b）

（c）

图3.84

**提示：**

以上两种命令的使用都受魔棒工具属性栏中"容差"大小的影响，容差值设置得越大，选取的范围越大。

### 3.4.6 变换选区

制作好选区后，用户还可对其做旋转、翻转、倾斜、扭曲或透视等变形操作。下面通过一个例子来说明其使用方法。

**步骤1** 打开本书配套光盘中的"素材与实例"→"Ph3"→"16.jpg"文件，如图3.85所示。

图3.85

**步骤2**　下面要选取包装盒的正面图像。选择矩形选框工具 ，然后在窗口中绘制一个矩形选区，如图3.86所示。

**步骤3**　要想使选区的边框与包装盒的正面图像正好合适，可以将选区变形。选择"选择"→"变换选区"菜单，选区的周围出现了控制框，如图3.87所示。

图3.86　　　　　　　　　　　　　　　图3.87

➢ **移动选区**：将光标定位至选区内，待光标呈 ▶ 形状后单击并拖动可移动选区。

➢ **缩放选区**：将光标移至选区变形框的控制柄"□"上，待光标变为↔、↕或↕形状后单击↕并拖动即可。

➢ **旋转选区**：将光标移至选区变形框外旋转支点"◇"附近，当光标呈↺形状后拖动鼠标即可。

➢ **移动旋转支点**：将光标移至旋转支点"↺"附近，当光标呈 ▶ 形状后拖动鼠标即可。

**步骤4**　在控制框内单击鼠标右键，在弹出的快捷菜单中选择"扭曲"，然后拖动控制框的四个拐角控制点，将选区变形，如图3.88所示。

图3.88

**步骤5**　变形结束后，在控制框中双击鼠标或按Enter键，可确认变形操作，如图3.89所示。

**提示：**

如果不想确认变形，可按 Esc 键取消变形。

在变换选区的快捷菜单中，还可对选区执行透视、旋转、翻转等操作。

### 3.4.7 "全部"命令选取整幅图像

要想选取整幅图像，可选择"选择"→"全部"菜单，或者按下 Ctrl + A 组合键。

**提示：**

"全部"命令常与"合并拷贝"命令配合使用，便可将当前显示画面用于其他图像。

### 3.4.8 "反选""取消"与"重新选择"命令

图 3.89

要将当前图层中的选区与非选区进行相互转换，可采用以下几种方法：

➤ 选择"选择"→"反选"菜单。

➤ 按 Shift + Ctrl + I 组合键。

➤ 在图像窗口内单击鼠标右键，在弹出的菜单中选择"选择"→"选择反向"命令。

要想取消已有的选区，可采用以下几种操作。

➤ 选择"选择"→"取消选择"菜单。

➤ 按 Ctrl + D 组合键。

➤ 在图像窗口内单击鼠标右键，在弹出的菜单中选择"取消选择"命令。

**提示：**

如果想将取消过的选区重新选择，可选择"选择"→"重新选择"菜单，或者按下 Shift + Ctrl + D 组合键。

## 3.5 选区的编辑与应用

### 3.5.1 选区的描边

选区的描边是指沿着选区的边缘描绘指定宽度的颜色。下面通过一个例子来说明使用方法。

**步骤 1** 打开本书配套光盘中的"素材与实例"→"Ph3"→"17. psd"文件，将文字制作成选区，如图 3.90 所示。

**步骤 2** 选择"编辑"→"描边"菜单，打开"描边"对话框，参数设置如图 3.91 所示。

**步骤 3** 属性设置好后，单击"确定"按钮，得到如图 3.92 所示描边效果。最后按 Ctrl + D组合键取消选区。

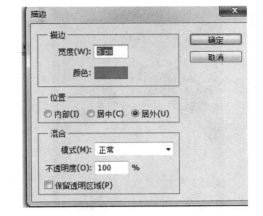

图 3.90　　　　　　　　　　　　　　图 3.91

图 3.92

**提示：**

在没有制作选区的情况下，如果当前图层为非背景层或锁定的图层，可直接利用"描边"命令给图层添加描边效果。

➢ **宽度：**用于设置描边的宽度。值越大，描边越粗。

➢ **颜色：**用于设置描边的颜色，单击其右侧的色块，可打开"拾色器"对话框进行设置。

➢ **位置：**用于设置描边的位置，其中，"内部"表示对选区边框以内描边；"居中"表示以选区的边框为中心描边；"居外"表示对选区边框以外描边。

### 3.5.2　选区的填充

选区的填充是指在选区的内部填充颜色或图案，并且在填充的同时还可设置填充颜色或图案的混合模式和不透明度。选区的填充方法有很多种，下面分别介绍。

➢ 设置好前景色后，按 Alt + Delete 组合键可用前景色填充选区。

➢ 设置好背景色后，按 Ctrl + Delete 组合键可用背景色填充选区。

➢ 用油漆桶工具  在选区内单击，以填充前景色（该工具不能填充背景色或图案）。

➢ 选择"编辑"→"填充"菜单，用填充命令在选区内填充前景色、背景色或图案。

下面就以一个"为人物快速换装"的小实例来学习"填充"命令的使用。

**步骤 1**　打开本书配套光盘中的"素材与实例"→"Ph3"→"18. jpg"文件，如图3.93 所示，这里要将白色的上衣变成黄色的。

**步骤 2**　首先用套索工具 粗略地选取上衣，如图 3.94 所示。

图 3.93                           图 3.94

**步骤3** 下面要细致地将上衣选取出来。选择"选择"→"色彩范围"菜单,打开"色彩范围"对话框,在对话框中将"颜色容差"设置为80,然后在图像窗口中的白色上衣处单击,设置取样颜色,选中上衣,如图3.95(a)所示。单击"确定"按钮,退出对话框,此时,人物的上衣被选取出来,如图3.95(b)所示。

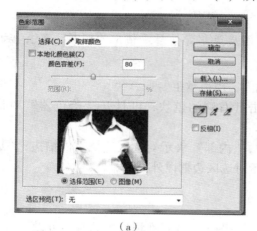

（a）                           （b）

图 3.95

**步骤4** 从图3.95(b)可知,有一些上衣图像没有被选中,这里需要将选取羽化。按Alt + Ctrl + D组合键,打开"羽化半径"对话框,在对话框中将"羽化半径"设置为6像素,单击"确定"按钮,得到如图3.96所示选区。

**步骤5** 将前景色设置为黄色(#ffeb00)。选择"编辑"→"填充"菜单,打开"填充"对话框,参数设置如图3.97所示。然后单击"确定"按钮,并取消选区,白色的上衣瞬间变成了黄色,如图3.98所示。

➢ **使用:** 单击下拉按钮,在下拉列表中可选择所需的填充方式,如图3.99所示。

➢ **自定图案:** 在"使用"下拉列表中选择"图案",该选项才被激活。单击其右侧的按钮,可以在列表中选择所需的图案进行填充,如图3.100所示。

图 3.96

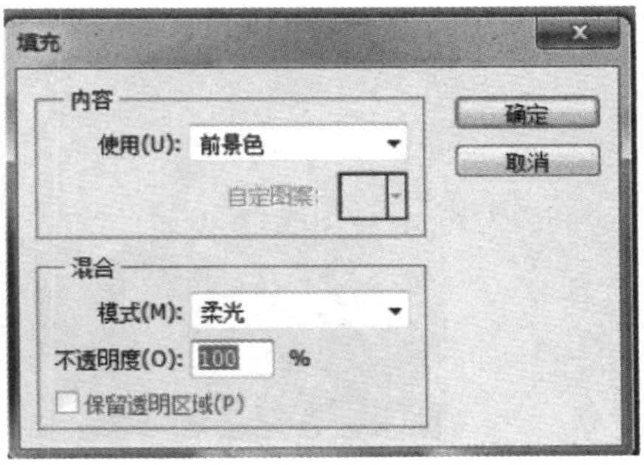

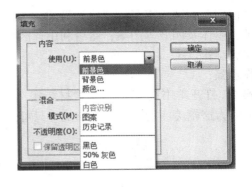

图 3.97

图 3.98

图 3.99

> **混合**：该选项和"描边"对话框中"混合"选项的作用相同。

**提示：**

我们不仅可以填充系统自带的图案，还可以用自定义图案进行填充。

在没有选区的情况下，以上所有的填充操作都是针对当前整个图层进行填充的。

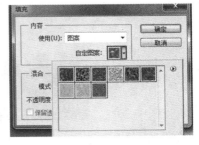

图 3.100

# 3.6　上机实践——绘制可爱的小熊

Photoshop 具有很强的绘图功能，在前面已经领教过了，其实利用简单选区制作工具，也能绘制出非常可爱的卡通图案，下面就来绘制一只可爱的小熊吧，其效果如图 3.101 所示。

图 3.101

**制作分析:**

首先使用椭圆选框工具、"描边"命令及"自由变换"命令绘制小熊的头、耳朵、眼睛、鼻子、躯体及四肢等图案；然后利用选区的换算功能制作小熊的嘴部图案，最后添加装饰图案完成制作。

**制作步骤:**

**步骤1** 打开本书配套光盘"素材与实例"→"Ph3"→"19.jpg"文件，如图3.102所示，下面为这幅美丽的风景图片添加一只可爱的小熊。

图 3.102

**步骤2** 单击"图层"调板底部的"创建新图层"按钮 ，新建"图层1"，如图 3.103 所示。

**步骤3** 将前景色设置为黑色，背景色为棕黄色（#ebab6b），用椭圆选框工具 在窗口中绘制一个椭圆选区，如图 3.104 所示。

**步骤4** 按 Ctrl + Delete 组合键，用背景色填充选区，选择"编辑"→"描边"菜单，打开"描边"对话框，参照图 3.105 设置参数，单击"确定"按钮，得到如图 3.106 所示效果。

图 3.103

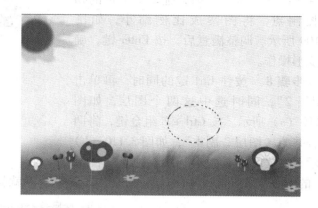

图 3.104

图 3.105

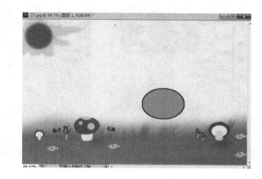

图 3.106

**步骤 5** 下面绘制耳朵。在"图层"调板中，新建"图层 2"，参照步骤 3 ~ 4 相同的操作方法，绘制小熊的一只耳朵，如图 3.107 所示。

**步骤 6** 在"图层"调板中将"图层 2"拖至调板底部的"创建新图层"按钮 📄 上，释放鼠标后，即可复制出"图层 2 副本"图层，如图 3.108 所示。

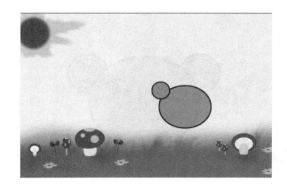

图 3.107

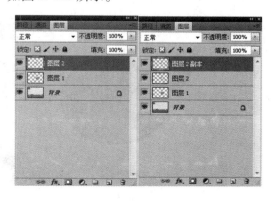

图 3.108

**步骤7** 将"图层2副本"置为当前层，按 Ctrl + T 组合键，显示自由变形框，按住 Alt + Shift 键的同时，拖动变形框的拐角控制点，将图案成比例缩小，如图 3.109 所示。调整满意后，按 Enter 键，确认变形操作。

**步骤8** 按住 Ctrl 键的同时，再单击"图层2"，同时选中这两个图层，如图 3.110（a）所示。按 Ctrl + E 组合键，将两图合并为"图层2副本"，如图 3.110（b）所示。将"图层2副本"图层拖至"图层

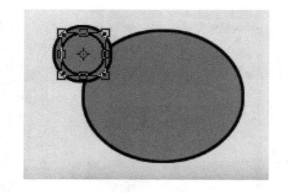

图 3.109

1"的下面，如图 3.110（c）所示。这样，一只耳朵就制作好了，如图 3.111（a）所示。

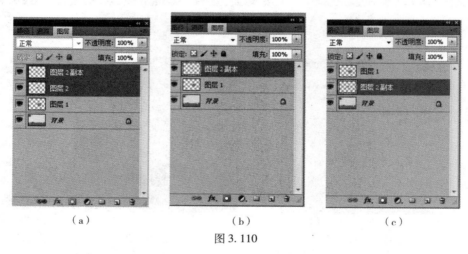

（a） （b） （c）

图 3.110

**步骤9** 将"图层2副本"图层拖动"图层"调板底部的"创建新图层"按钮 ▣ 上，复制出"图层2副本2"，并用移动工具 ▶ 将复制的图形移至头部右侧，作为另一只耳朵，如图 3.111（b）所示。

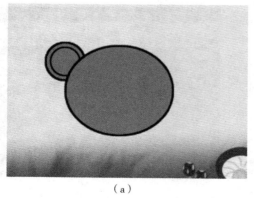 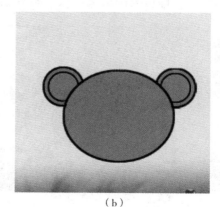

（a） （b）

图 3.111

**步骤 10** 下面绘制眼睛。在"图层"调板中单击"图层 1",将其置为当前图层,如图 3.112(a)所示。再单击"创建新图层"按钮 ⬜,在"图层 1"之上新建"图层 2",用椭圆选框工具 ⬜ 在小熊的脸部绘制一个椭圆选区,并用蓝色(#6f7cdc)填充选区,作为小熊的眼睛,如图 3.112(b)所示。

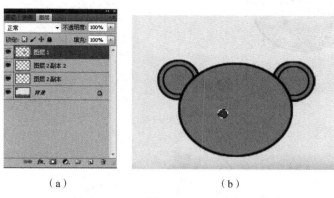

（a）　　　　　　　（b）

图 3.112

**步骤 11** 下面为眼睛添加高光,用椭圆选框工具 ⬜ 在眼睛上绘制一个椭圆选区,并用白色填充,得到眼睛的高光,如图 3.113(a)所示。

**步骤 12** 在"图层"调板上将"图层 2"拖至调板底部的"创建新图层"按钮 ⬜ 上,复制出"图层 2 副本 3",并使用移动工具 ▸⊹ 将复制的眼睛图形向右移动,得到小熊的另一只眼睛,如图 3.113(b)所示。

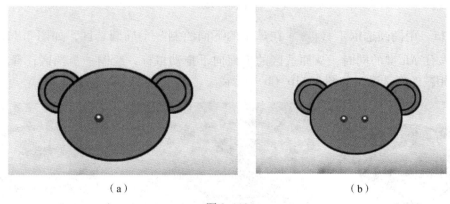

（a）　　　　　　　　　　　（b）

图 3.113

**步骤 13** 下面绘制嘴部和鼻子部位的图形。新建"图层 3",用椭圆选框工具 ⬜ 绘制一个椭圆选区,如图 3.114(a)所示。然后用"描边"命令为选区描上 2 个像素宽的黑色边,如图 3.114(b)所示。

**步骤 14** 继续用椭圆选框工具 ⬜ 绘制鼻子部位的选区,并用黑色填充,然后再制作鼻子的高光,其效果如图 3.115 所示。

（a）

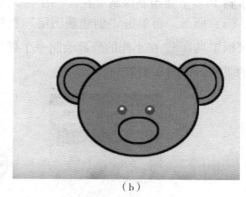
（b）

图 3.114

图 3.115

**步骤15** 用椭圆选框工具  在鼻子的下面绘制一个椭圆选区，如图 3.116（a）所示。然后按住 Alt 键的同时，从原选区的下面向下拖动鼠标，绘制一个选区，释放鼠标后，得到两者相减的新选区，如图 3.116（b）所示。

（a）

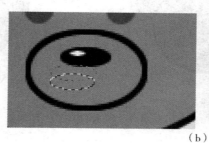

（b）

图 3.116

**步骤16** 用黑色填充选区，如图 3.117（a）所示，然后选择"选择"→"变换选区"菜单，显示自由变形框，将光标移至变形框内部，单击右键，在弹出的菜单中选择"水平翻转"菜单，如图 3.117（b）所示。按 Enter 键确认操作，将选区向右移动，至图 3.117（c）所示位置，用黑色填充，并取消选区，得到如图 3.117（d）所示图形。

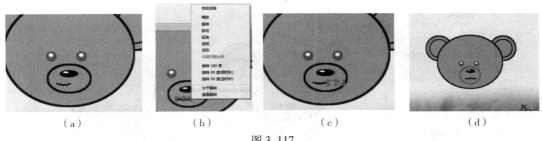

（a）　　　　　　（b）　　　　　　（c）　　　　　　（d）

图 3.117

**步骤 17**　下面绘制躯体和四肢。将"背景"图层置为当前图层，并在其上新建"图层4"。用椭圆选框工具 绘制一个椭圆选区，用棕黄色（#ebab6b）填充，并用"描边"命令为其描上 3 个像素宽的黑边，其效果如图 3.118（b）所示。

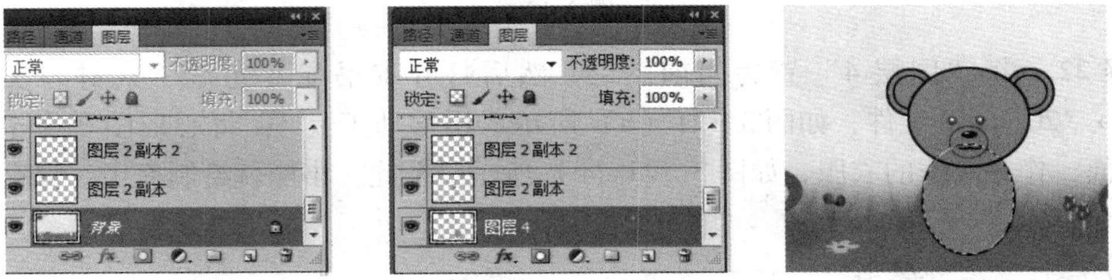

（a）　　　　　　　　　　　　　　（b）

图 3.118

**步骤 18**　下面绘制小熊的脚。新建"图层 5"，继续用椭圆选框工具 在身体的左侧绘制一个椭圆选区，如图 3.119（a）所示。

**步骤 19**　选择"选择"→"变换选区"菜单，在选区的周围显示自由变形框。将光标移至变形框的拐角控制点，光标呈 ↻ 形状时，将选区向左倾，如图 3.119（b）所示。调整满意角度后，按 Enter 键，确认变形操作。

**步骤 20**　参照步骤 17 相同的方法，填充选区并为其描边，效果如图 3.119（c）所示。

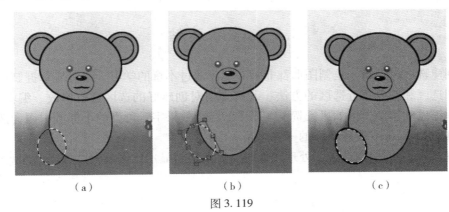

（a）　　　　　　（b）　　　　　　（c）

图 3.119

**步骤 21**　保持选区不变，使用"变换选区"命令将选区水平翻转，如图 3.120（a）所示。然后移至身体的右侧，并为其执行与步骤 20 相同的操作，得到如图 3.120（b）所示效果。利用与绘制相同的操作方法，绘制小熊的手，如图 3.121（a）所示。

（a）　　　　　　　　　　　　　　　　　　　（b）

图 3. 120

**步骤 22**　将"图层 4"置为当前图层，然后打开本书配套光盘"素材与实例"→"Ph3"→"20. jpg"文件，如图 3.121（b）所示。用移动工具 ⊞ 将心形图案拖至"图层4"的上面，作为小熊的衣服，如图 3.121（c）所示。至此，小熊就绘制完了，保存文件。

（a）　　　　　　　　　　　（b）　　　　　　　　　　　（c）

图 3. 121

# 3.7　学习总结

　　学会创建选区对编辑、绘制图形都非常有用。通过本章的学习，读者应掌握制作规则选区、不规则选区和颜色相近选区的方法；了解如何对创建好的选区进行修改、编辑和应用；还应从本章提供的实例，例如风景贺卡、简单的浮雕效果字、可爱的小熊等中领会选区的应用，以及利用 Photoshop 处理图像的一些思路。

　　在利用 Photoshop 制作选区、处理图像时，灵活地将显示比例放大，可以更方便地处理。

# 第 4 章
## 图像选区制作进阶

● **知识要点**

- 利用快速蒙版制作选区
- 利用抽出滤镜快速提取人物
- 利用钢笔工具制作选区
- 利用横排和直排文字蒙版工具制作选区
- 选区的保存与载入

● **章前导读**

在本章中，将介绍制作选区的特殊方法，如利用快速蒙版模式编辑工具快速将人物从复杂的背景中抠取出来；用"抽出"滤镜可抠取人物的头发，并且令其毫发无损等。利用这些方法制作选区不但能提高工作效率，而且也能方便用户将所需的素材应用于其他方面。另外，还将介绍如何将制作的复杂选区进行保存，以便以后使用等知识。

## 4.1　利用快速蒙版制作选区

快速蒙版模式是制作选区的另一种非常有效的方法。在快速蒙版模式下，用户可以使用画笔工具 、橡皮擦工具 等编辑蒙版，然后将蒙版转换为选区。使用这种方法主要有如下两个优点：

➢ 由于用户使用各种绘画和修饰工具编辑蒙版，因此，用户可利用它制作任意形状的选区。特别是在图像非常复杂时，这种方法非常有效。

➢ 由于蒙版本身包含了透明度信息，因此，利用这种方法制作选区可得到各种形式的羽化效果。

下面通过一个抠取人物的实例来学习快速蒙版制作选区的方法。

**步骤1**　打开本书配套光盘中的"素材与实例" → "Ph4" → "1.jpg"文件，单击工具箱中的"以快速蒙版模式编辑"按钮 ，进入快速蒙版模式编辑状态，如图4.1所示。

**步骤2**　双击"以快速蒙版模式编辑"按钮 ，打开如图4.2所示"快速蒙版选项"对话框。

图 4.1　　　　　　　　　　　　　　　　　　图 4.2

➤ 若选中"被蒙版区域",表示将在被蒙版区(非选择区)显示蒙版颜色。

➤ 若选中"所选区域",表示将在选区显示蒙版颜色。

➤ "颜色"和"不透明度"项可设置蒙版颜色和不透明度。

**步骤 3**　这里选中"所选区域"单选钮,单击"确定"按钮关闭对话框。

**步骤 4**　选择画笔工具 ，单击工具属性栏"画笔"后面的按钮,在弹出的下拉列表中选择一种柔角笔刷,并设置"主直径"为 30,如图 4.3 所示。然后在选取的人物上涂抹,增加蒙版区,如图 4.4 所示。

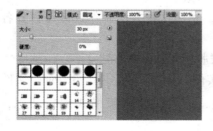

图 4.3　　　　　　　　　　　　　　　　　　图 4.4

**步骤 5**　继续用画笔工具 在要选择的人物身上涂抹,如图 4.5 所示。

**提示：**

在选取人物头部、手指等部位时，为了选取得更精细，可以按 Ctrl ++ 组合键放大图像，再按空格键切换到抓手工具移动图像，用户可按键盘上的"［"或"］"键来调整画笔工具的笔刷大小。如果不小心用画笔工具涂抹到了人物以外不需要选取的部分，可以选择橡皮擦工具进行擦除。

**步骤 6**　单击工具箱中的"以标准模式编辑"按钮，可查看蒙版编辑结果，如图 4.6 所示，一个非常精确的选区就制作好了。

图 4.5　　　　　　　　　　　　　　图 4.6

**步骤 7**　下面将抠取的人物粘贴到 2.jpg 文档中，打开本书配套光盘中的"素材与实例"→"Ph4"→"2.jpg"文件，选择移动工具，在制作好的人物选区上按住鼠标不放，拖至"2.jpg"文档窗口中的合适位置后，释放鼠标，如图 4.7 所示。

图 4.7

**提示：**

如果对制作的选区不满意，还可以按 Q 键，在快速蒙版编辑模式和标准编辑模式之间相互切换，进行更精确的调整。

# 4.2 利用钢笔工具制作选区

Photoshop 提供的多种抠图方法，可以方便我们抠取各种类型的图像，满足不同的需要。当要选取的图像形状比较复杂，其背景颜色又较多时，利用一般的图像选取工具很难选取，可以考虑使用钢笔工具来抠图。

钢笔工具本身是路径绘制工具，但路径和选区之间是可以相互转换的，所以可利用钢笔工具沿要选取的对象边缘绘制路径，然后将路径转换成选区即可。下面简单介绍用钢笔工具绘制选区的方法。

图 4.8

**步骤1** 打开本书配套光盘中的"素材与实例"→"Ph4"→"4.jpg"文件，如图 4.8 所示。下面要用钢笔工具将图片中的天空背景抠取出来，并删除。

**步骤2** 在工具箱中选择钢笔工具，在工具属性栏按下"路径"按钮，如图 4.9 所示。

图 4.9

**步骤3** 将光标移至建筑物左侧与天空连接的边缘处，单击鼠标左键，这时钢笔工具将会在单击处创建一个路径锚点，然后将鼠标移至下一处，再单击鼠标左键，再次创建一个锚点，此时 Photoshop 自动将两个锚点连接成一条直线进行路径绘制，如图 4.10 所示。

**步骤4** 继续沿着建筑物的边缘绘制路径，然后将路径再沿着天空图像绕一圈，将最后一个路径锚点与第一个路径锚点重合，形成一个封闭路径，如图 4.11 所示。

图 4.10

图 4.11

**步骤5** 选择工具箱中的直接选择工具 ，然后在天空与建筑物相连接的路径中的锚点上单击并拖动，调整锚点的位置，使其与建筑物的边缘相吻合，如图4.12（a）所示。用同样的方法继续调整其他锚点，直到路径的形状完全与建筑相吻合。

**步骤6** 打开"路径"调板，这时会发现调板中，系统自动生成了一个工作路径，按Ctrl+Enter组合键，将封闭的路径转化为选区，如图4.12（b）所示。

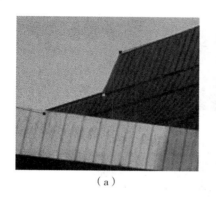
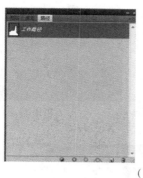

（a） （b）

图 4.12

**步骤7** 单击"图层"标签，切换到"图层"调板。双击"背景"图层，系统自动弹出"新建图层"对话框，如图4.13（b）所示。

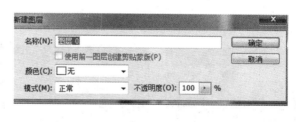

（a） （b）

图 4.13

**步骤8** 按 Delete 键，删除选区内的图像，并取消选区，此时图像效果如图4.14所示。

**步骤9** 打开本书配套盘"素材与实例"→"Ph4"→"5.jpg"文件，如图4.15所示。

**步骤10** 用移动工具 将新的天空图像拖至"5.jpg"图像窗中。此时，在"图层"调整板中，系统自动在"图层0"之上生成"图层1"，如图4.16（a）所示。这时，天空图像会将建筑物遮盖，因此需要将"图层1"拖至"图层0"的下方，并调整天空图像的位置，此时的图像效果如图4.16（b）所示。

图 4. 14

图 4. 15

（a）　　　　　　　　　　　　　　（b）

图 4. 16

## 4.3　利用横排和直排文字、蒙版工具制作选区

如果用户想让输入的文字没有填充颜色，而只有文字形状的选区，可使用横排或直排文字蒙版工具，如图 4.17 所示。下面通过制作图案文字说明其使用方法。

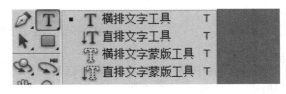

图 4.17

**步骤 1**　打开本书配套光盘中的"素材与实例"→"Ph4"→"6.jpg"文件，在工具箱中选择横排文字蒙版工具，在工具属性栏设置其属性，如图 4.18 所示。

图 4.18

**步骤 2**　在图像窗口要输入文字的地方单击鼠标，此时图像暂时转为快速蒙版模式，出现闪烁的光标后输入"花的海洋"，然后按 Ctrl + Enter 组合键确认输入，文字转换成了选区，图像返回到了标准编辑模式，如图 4.19 所示。

图 4.19

**提示：**

使用横排和直排文字蒙版工具创建的实际上是选区，而非文字。只是选区的形状是文字而已。

**步骤 3**　将背景色设置为白色，按 Shift + Ctrl + I 组合键将文字选区反选，然后按 Delete 键删除选区内的图像，就得到了如图 4.20（b）所示的图案文字。

（a）　　　　　　　　　　　　　　　　　（b）

图 4.20

**提示：**

使用横排和直排文字蒙版工具时，建立选区后，就无法再对文字修改了，故在回到标准编辑模式前，一定要确定需要的选区效果已经完成。

# 4.4　选区的保存与载入

Photoshop 中制作的选区都只是临时的，如果想将辛苦制作好的选区保存下来，以便日后使用，可以执行如下操作。

**步骤1**　打开本书配套光盘中的"素材与实例"→"Ph4"→"7.jpg"文件，首先将小狗制作成选区，如图4.21（a）所示，选择"选择"→"存储选区"菜单，打开"存储选区"对话框。

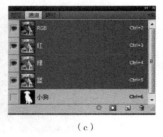

（a）　　　　　　　　　　（b）　　　　　　　　　　（c）

图 4.21

**步骤2**　在该对话框中设置选区所要保存的文档（一般都保存在原文档中）、名称等，如图4.21（b）所示。然后单击"确定"按钮，保存后的选区成为一个蒙版，显示在"通道"调板中，此时选区即被保存，如图4.21（c）所示。

保存选区还有一种快捷的方法，在选区制作好后，单击"通道"调板中的"将选区存储为通道"按钮，系统会自动将选区保存在"Alpha"通道中，如图4.22所示。

**步骤3**　按 Ctrl+D 组合键取消选区，若要再调出前面保存过的选区，可选择"选择"→"载入选区"菜单，此时系统将打开图4.23（a）所示的"载入选区"对话框。在"通道"下拉列表中选择前面保存过的选区，单击"确定"按钮即可。

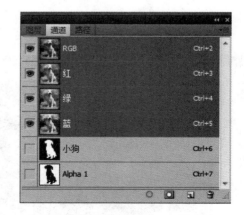

图 4.22

**步骤4**　用户也可直接在"通道"调板中按住 Ctrl 键并单击选区被保存的通道，调出选区，如图4.23（b）所示。

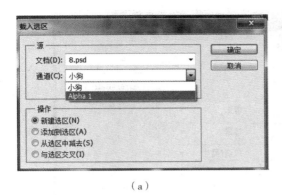
（a）

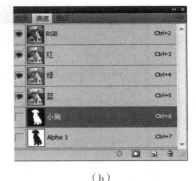
（b）

图 4.23

**提示：**

如果图像中已经存在选区，"载入选区"对话框中"操作"设置区的选项将全部激活，用户可以选择载入选区与原有选区的运算方式。另外，保存过选区的图像，应以 psd 或 tif 格式进行存储，如果以 jpg 或 gif 等格式保存，存储的选区仍然会丢失。

# 4.5　上机实践——绘制洗发水广告

在 Photoshop 中制作广告、招贴等宣传彩页，那可谓是小菜一碟。通过前面的学习，再来制作一个洗发水的广告，以巩固前面所学的知识，如图 4.24 所示。

图 4.24　广告效果

**制作分析：**

本例利用椭圆选区工具和"羽化选区"命令绘制渐变效果的背景图案；放置主题图片，用"抽出"滤镜抠取人物，并制作外发光效果，最后输入文字完成制作。

**制作步骤：**

**步骤 1**　首先制作渐变背景，按 Ctrl + N 组合键，打开"新建"对话框，参照如图 4.25 所示设置参数。设置完成后，单击"确定"按钮，创建一个新文件。

图 4.25

**步骤 2** 将前景色设置为黄色（#faeba3），背景色为白色，然后单击"编辑"→"填充"即可，可填充前景色、背景色等。用前景色填充画布，如图 4.26 所示。

**步骤 3** 选择椭圆选框工具 ⬭ ，然后按住 Shift 键的同时，在图像窗口中绘制一些大小不等的椭圆选区，如图 4.27（a）所示。

**步骤 4** 按 Alt + Ctrl + D 组合键，打开"羽化选区"对话框，在对话框中设置"羽化半径"为 50 像素，单击"确定"按钮退出。按两次 Ctrl + Delete 组合键，用背景色填充选区，并取消选区，以得到渐变效果的背景图案，如图 4.27（b）所示。

图 4.26

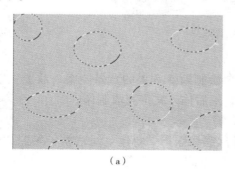

（a）

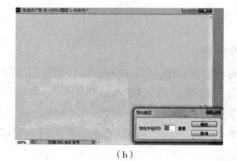

（b）

图 4.27

**步骤5** 下面来添加主题图片。打开本书配套光盘"素材与实例"→"Ph4"→"8.psd"文件，用移动工具 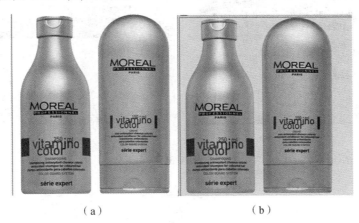 将洗发水包装瓶拖至"洗发水广告"图像窗口中，并放置于窗口的左侧，如图4.28（b）所示。

（a）　　　　　　　　　　（b）

图4.28

**步骤6** 在"图层"调板中，系统自动生成"图层1"。将"图层1"拖至调板底部的"创建新图层"按钮 上，复制出"图层1副本"层，如图4.29所示。

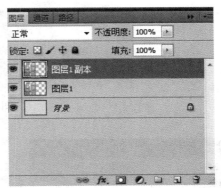

图4.29

**步骤7** 单击"图层1"将其置为当前图层，然后单击"图层1副本"左侧的眼睛图标，关闭该层的显示，如图4.30（a）所示。将"图层1"的"不透明度"设置为30%，如图4.30（b）所示。此时，得到如图4.31所示效果。

**步骤8** 单击"图层1副本"图层，将其置为当前层，然后单击该层左侧的眼睛图标位置，显示眼睛图标 ，恢复该层的显示状态。

**步骤9** 按Ctrl+T组合键，显示自由变形框，按住Alt+Shift键的同时，拖动变形框拐角控制点，将包装瓶成比例缩小至合适大小，如图4.32（b）所示，按Enter键，确认变形操作。

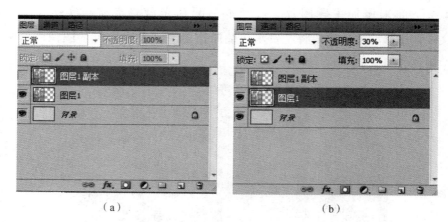

（a）　　　　　　　　　　（b）

图 4.30

图 4.31

（a）　　　　　　　　　　（b）

图 4.32

**步骤 10**　用移动工具 将包装瓶拖至窗口的左下角位置，如图 4.33 所示。

图 4.33

**步骤 11** 将"图层 1"置为当前图层,单击"图层"调板底部的"创建新图层"按钮 ,在该层之上新建"图层 2",如图 4.34 所示。

图 4.34 新建图层

**步骤 12** 选择单列选框工具 ,然后按住 Shift 键的同时,在图像窗口中创建一组单列选区,如图 4.35(a)所示。

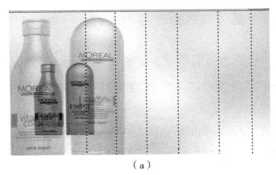

(a)

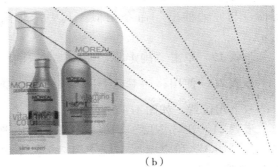

(b)

图 4.35

**步骤 13** 选择"选择"→"变换选区"菜单，显示自由变形框，再选择"编辑"→"变换"→"扭曲"菜单，然后分别调整变形框左侧的两个拐角控制点的位置，将变形框调整至如图 4.35（b）所示形状。调整至满意形状后，按 Enter 键，确认变形操作。

图 4.36

**步骤 14** 多按几次 Ctrl + Delete 组合键，用背景色填充选区，按 Ctrl + D 组合键，取消选区，制作出散射光效果，如图 4.36 所示。

**步骤 15** 接下来选取主题人物。打开本书配套光盘"素材与实例"→"Ph4"→"9.jpg"文件，如图 4.37 所示，这里要提取照片的人物图像。

**步骤 16** 选择"快速选择"工具 ![icon]，拖动鼠标，选择图片中的人物，如图 4.38 所示。

图 4.37

图 4.38

**步骤 17** 如图 4.39 所示，单击属性栏上的"调整边缘"按钮，打开"调整边缘"对话框，其中的"边缘检测"就是原版本的"抽出"命令。

**步骤 18** 在"调整边缘"对话框中，调整边缘里的平滑、羽化、对比度、移动边缘等命令与原"抽出"命令相似。其中，羽化命令是将选区命令的边缘羽化，如图 4.40 所示。

**步骤 19** 单击"确定"按钮，被抠取的图片将成为透明图层，如图 4.41 所示。

**步骤 20** 使用移动工具 ![icon] 将人物图像拖至"洗发水广告"图像窗口中，并放置在窗口的右下角位置，如图 4.42 所示。

**步骤 21** 在"图层"调板中，按住 Ctrl 键的同时，再单击"图层 1 副本"图层，同时选中"图层 3"和"图层 1 副本"，然后按 Ctrl + E 组合键，将两图层合并为"图层 1 副本"，如图 4.43 所示。

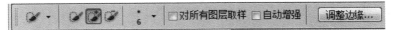

图 4.39

图 4.40

 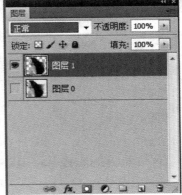

图 4.41

图 4.42

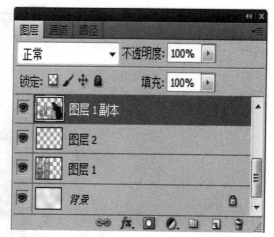

图 4.43

**步骤 22** 下面制作外发光效果。按住 Ctrl 键的同时，单击合并的"图层 1 副本"的图层缩览图，如图 4.44（a）所示，此时，将创建该层的选区，如图 4.44（b）所示。

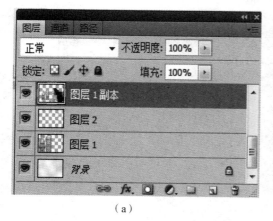

（a）　　　　　　　　　　　　　　　（b）

图 4.44

**步骤 23**　选区制作好后，使用"羽化选区"命令将选区羽化 8 像素，然后在"图层 1 副本"层的下面新建"图层 3"，再按两次 Ctrl + Delete 组合键，用背景色填充选区。最后取消选区，得到外发光效果，如图 4.45 所示。

图 4.45

**步骤 24**　选择横排文字工具 ，在其属性栏中设置合适的颜色、大小和字体，然后在图像窗口单击并输入所需广告语，如图 4.46 所示，按 Ctrl + S 组合键保存文件。这样，一个洗发水报纸广告就制作好了。

图 4.46

## 4.6　学习总结

　　本章主要通过一组选区进阶的实例，学习如何使用快速蒙版、抽出滤镜、钢笔工具抠图，以及如何创建文字选区、保存、载入选区。相信通过本章的学习，用户对抠图的技法、选区工具的应用有了更深、更全面的了解。在实际工作中，还应多思考、多尝试、举一反三、灵活应用，不要局限于一种选取工具的使用，有时几种抠图方法结合使用效果更好。

# 第 5 章
## 图 像 编 辑

● **知识要点**

- 图像的基本编辑
- 自由变换图像
- 调整图像和画布的大小
- 操作的重复与撤销

● **章前导读**

在学会了选区的制作方法后，再来介绍一些常用的图像编辑方法，如移动图像、复制图像和删除图像等。

## 5.1 图像的基本编辑

图像的移动、剪切、复制、粘贴和删除是图像编辑中最常用的操作，下面分别介绍。

### 5.1.1 移动图像的方法

移动图像是指用移动工具 将选区内或当前图层的图像移动到同一个图像的其他位置或另外的图像窗口中。在前面的学习中，曾多次移动过图像，本小节来系统地学习移动图像的方法。

选取移动工具 后，其工具属性栏状态如图 5.1 所示。

图 5.1

➢ **自动选择图层**：勾选该复选框后，系统自动将当前选择的对象所在层置为当前图层。

➢ **自动选择组**：勾选该复选框后，系统自动选中图层所在的图层组。

➢ **显示变换控件**：勾选该复选框后，可在选中对象的周围显示定界框，其用法与自由变换图像相似。

➢ **对齐按钮组（链接图层）时，才被激活。**主要用于设置当前图层中的图像与其他图层（链接图层）中图像的对齐方式。

➢ **分布方式按钮组（链接图层）时，才被激活。**主要用于设置当前图层中的图像与其他图层（链接图层）中图像的分布方式。

1. 在同一文件中移动图像

要移动当前图层的图像，应首先利用"图层"调板选中要移动图像所在的图层，然后选择移动工具 ，在图像窗口中单击并拖动鼠标，到所需的位置后松开鼠标即可，如图 5.2 所示。

图 5.2

要移动当前图层部分区域的图像，应首先将其制作成选区，然后选择移动工具，将鼠标移至选区内，当光标变成箭头状后，单击并拖动鼠标，到所需的位置后松开鼠标即可，如图 5.3 所示。

图 5.3

**提示：**

如果在背景层上移动选区内的图像，图像的原位置将被当前背景色填充；如果在普通图层上移动图像，图像的原位置将变成透明。

选中移动工具后，若在拖动时按 Shift 键，则可按水平、垂直或 45°方向移动图像。

2. 在不同文件中移动图像

将图像移动到另一个图像中的操作非常简单，只需选择移动工具 后，将图像向另一图像窗口拖曳即可（有选区的情况下，移动的是选区内的图像；没有选区的情况下，移动的是当前层的图像），如图 5.4 所示。

用户也可用如下方法移动图像，且此时不必选中移动工具 。

图 5.4

➢ 在选中其他工具（ 、 、 、 等工具除外）时，可按住 Ctrl 键再拖动鼠标来移动图像。

➢ 按下 Ctrl 键后，使用 4 个方向键以 1 个像素为单位移动图像。

➢ 按下 Shift + Ctrl 组合键后，可用 4 个方向键以 10 个像素为单位移动并复制图像。

**提示：**

移动图像后，原图像仍然保持不变，相当于复制操作。

### 5.1.2 复制图像的方法

复制图像为很常用的操作，其方法主要有如下几种。

制作好选区之后，选择"编辑"菜单下的"拷贝"命令，将图像存入剪贴板中，然后选择"编辑"→"粘贴"菜单，即可复制选区内的图像。

"拷贝"命令的快捷键是 Ctrl + C。"粘贴"图像的快捷键是 Ctrl + V。

按 Ctrl + J 组合键，可将当前图层或选区内的图像复制到新图层中，且被复制的图像与原图像完全重合，用移动工具 移动图像可看到复制的图层，如图 5.5 所示。

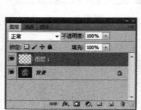

图 5.5

**提示：**

选择"编辑"→"剪切"菜单（或按 Ctrl + X 组合键），会将图像剪切到剪贴板，但这种方式下，在原位置不会再保留图像。

将要复制图像所在的图层拖曳至"图层"调板底部的"创建新图层"按钮 上，可快速复制出该层的副本图层，如图 5.6 所示。

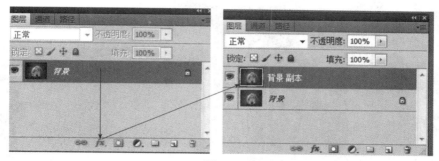

图 5.6

**提示：**

复制图像还有一种非常快捷的办法，就是选择移动工具 后，按住 Alt 键，当光标呈 形状时拖动鼠标即可；若按下 Alt + Shift 组合键拖动鼠标，可垂直、水平、45°复制选区内的图像。

### 5.1.3 "合并拷贝"和"粘贴"命令的使用

如果图像中包含多个图层，想让选区内所显示的每个图层的图像同时拷贝下来，怎么办呢？这时可以选择"编辑"→"合并拷贝"菜单，它将会把选区中各图层所有的内容拷贝并存入剪贴板中。具体操作方法如下。

**步骤 1** 打开本书配套光盘"素材与实例"→"Ph5"→"5. psd"文件，这是一个拥有 3 个图层的图像，如图 5.7 所示。

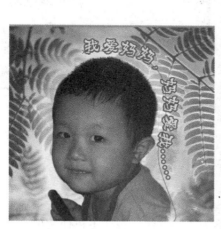

图 5.7

**步骤 2** 按 Ctrl + A 组合键全选图像，如图 5.8 所示，然后选择"编辑"→"合并拷贝"菜单（或按 Shift + Ctrl + C 组合键）。

**步骤 3** 打开本书配套光盘"素材与实例"→"Ph5"→"6. psd"文件，用魔棒工具 将中间的白色部分制作成选区，如图 5.9 所示。

图 5.8                                    图 5.9

**步骤4**　选择"编辑"→"贴入"菜单，第一幅图像选区内所有图层的内容均被粘贴过来，且只被粘贴到当前选区内，如图 5.10 所示。

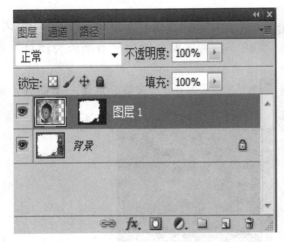

图 5.10

**提示：**

"贴入"命令可以将选区内的图像仅仅复制到选区内，它其实是创建一个带蒙版的图层。

### 5.1.4　删除图像的方法

在编辑图像时，不可避免地存在一些不需要的图像区域或不再使用的图层，这就需要将其删除。删除图像包括以下几种情况。

➤　如果要删除选区内的图像，可选择"编辑"→"清除"菜单，或者按 Delete 键。其中，如果当前层为背景层，被清除选区将以背景色填充；如果当前层不是背景层，被清除选区将变为透明区。

➤　如果要删除某个图层上的图像，可以将该层拖曳到"图层"调板底部的"删除图层"

按钮 上，释放鼠标即可，如图 5.11 所示。

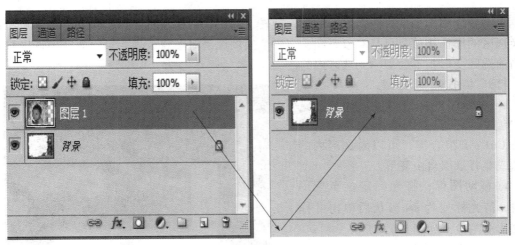

图 5.11

在清除选区内的图像时，还可以设置选区的羽化值，删除的图像边缘将得到羽化效果，如下例所示。

**步骤 1**　打开本书配套光盘"素材与实例"→"Ph5"→"7.jpg"文件，用椭圆选框工具 绘制一个"羽化"值为 20 像素的椭圆选区，然后按 Shift + Ctrl + I 组合键将选区反选。

**步骤 2**　将背景色设置为白色，按 Delete 键删除选区内的图像并取消选区，得到如图 5.12 所示的效果。

图 5.12

## 5.2　自由变换图像

在图像编辑的过程中，很多图像的大小、角度、形状并不符合我们的要求，这就需要对图像自由变形。

### 5.2.1　图像自由变换效果面面观

自由变换图像是指对图像进行缩放、旋转、倾斜、透视和扭曲等操作。与第3章所讲的变换选区的操作相似，只是对象不同，自由变换图像是对图像本身变形，而变换选区只是针对当前选区变形，不会影响到选区内的图像。

打开本书配套光盘"素材与实例"→"Ph5"→"8. jpg"文件，选择"编辑"→"自由变换"菜单，或者按 Ctrl + T 组合键，可以对选区内的图像或非背景层自由变形。

➤ **移动图像**：将光标定位至变形框内，待光标变为 ▶ 形状后单击并拖动可移动图像，如图 5.13 所示。

➤ **缩放图像**：将光标移至选区变形框的控制柄"□"上，待光标变为↑、↓、←、→形状后单击并拖动可改变图像大小，如图 5.14 所示。

图 5.13

➤ **旋转图像**：将光标移至变形框外任意位置，待光标变为"↻"后单击并拖动可旋转图像，如图 5.15 所示。

图 5.14　　　　　　　　　　　　　　　图 5.15

选择"变换"菜单子菜单中的命令，或按 Ctrl + T 组合键后，在图像窗口中单击右键，然后在弹出的快捷菜单中选择相应的命令（有的还需拖动变形控制点）即可对图像执行相应的变换操作。图 5.16 所示为应用各种变换命令变换图像后的效果。

在自由变换图像时，还可以配合相应的快捷键。

➤ **自由变形**：按住 Ctrl 键并拖动某一控制点可以进行自由变形调整。

➤ **对称变形**：按住 Alt 键并拖动某一控制点可以进行对称变形调整。

➤ **等比例缩放**：按住 Shift 键并拖动某一控制点可以进行按比例缩放调整。

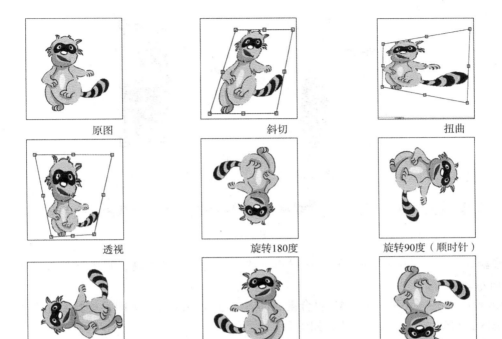

图 5.16

> **斜切**：按住 Ctrl + Shift 组合键并拖动某一控制点可以进行按比例缩放调整。
> **透视**：按住 Ctrl + Alt + Shift 组合键并拖动某一控制点可以进行透视效果调整。
> **应用变换**：按 Enter 键是应用变换。
> **取消操作**：按 Esc 键是取消操作。

### 5.2.2　变形的同时复制图像

图像按照设定的旋转角度、缩放大小在自由变形的同时还可以进行复制。该功能是自由变换和复制命令的综合运用。下面通过制作一朵太阳花来说明其用法。

**步骤 1**　首先新建一个文件，然后绘制一个椭圆选区，并填充红色（#f8270c），如图 5.17 所示。

**步骤 2**　按 Ctrl + T 组合键显示自由变形框，将变形框中间的旋转支点移至控制框外，如图 5.18 所示。然后在工具属性栏中将"旋转角度"设置为 30 度，如图 5.19 所示。

**提示：**

当图像窗口出现自由变形框后，在工具属性栏中可以设置缩放比例、旋转、余切的角度等，这种方法比手动调整的更精确。

图 5.17　　　　　　　　图 5.18

| ▶‡☐ ▾ | ▦▦ | X: 214.00 px | △ Y: 227.00 px | W: 100.00% | ⑧ H: 100.00% | ⊿ 30 度 | H: 0.00 度 | V: 0.00 度 |

图 5.19

**步骤 3**　连续按两次 Enter 键确认操作，选区内的图像被旋转，自由变形框消失，如图 5.20 所示。

**步骤 4**　按住 Ctrl + Shift + Alt 组合键的同时，连续多次按 T 键即可旋转复制图像，最后取消选区，得到了一朵花的形状，如图 5.21 所示。

**步骤 5**　用椭圆选框工具在花的中间绘制一个圆形选区，然后填充黄色（#f9f119），一朵太阳花就制作好了，如图 5.22 所示。

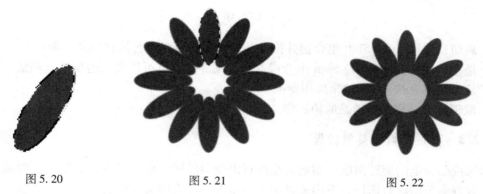

图 5.20　　　　　　　图 5.21　　　　　　　图 5.22

**提示：**

如果用户在工具属性栏中设置水平缩放、垂直缩放等参数，可得到多种复制的效果。

### 5.2.3　新增变换命令——变形

"变形"命令可以很轻松地将平面图像应用到立体模型图像上。用户可通过拖移控制点来变换图像的形状，以使得到的最终效果自然逼真。下面通过一个实例来说明变形操作的方法。

**步骤 1**　打开本书配套光盘"素材与实例"→"Ph5"→"10.jpg""11.jpg"文件，如图 5.23 所示。

图 5.23

**步骤 2**　将 "11.jpg" 置为当前图像，用移动工具  将图案拖至 "10.jpg" 图像窗口中，按 Ctrl + T 组合键，显示自由变形框，按住 Shift 键，拖动变形框的拐角控制点，成比例缩小图案，如图 5.24 所示。

图 5.24

**步骤 3**　在变形框内单击右键，然后在弹出的菜单中选择 "变形"，此时，变形框转变成图 5.25（b）所示的变形网格。

**步骤 4**　将光标移至变形网格角点位置上，按下鼠标并拖动，可改变控制点的位置，如图 5.26（a）所示。

**步骤 5**　将光标移至角点控制柄上，此时光标呈 ▶ 形状，拖动鼠标改变控制柄的长度，以使图案适合瓶身的弧度，如图 5.26（b）所示。

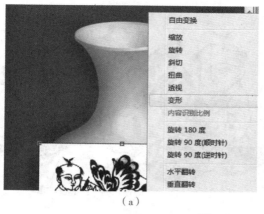

（a） （b）

图 5.25

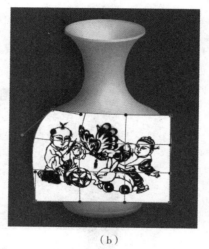

（a） （b）

图 5.26

**步骤6** 继续调整其他控制点和控制柄，以使图案的形状与瓶身相吻合，如图 5.27（a）所示。调整至满意效果后，按 Enter 键确认变形操作，得到如图 5.27（b）所示效果。

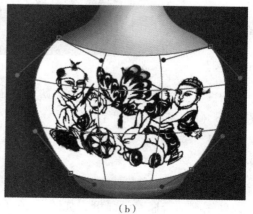

（a） （b）

图 5.27

**步骤 7** 打开"图层"调板，将图案所在的"图层 1"的"混合模式"设置为"正片叠底"，如图 5.28 所示。此时，图案与花瓶就融合在一起了，效果如图 5.29 所示。

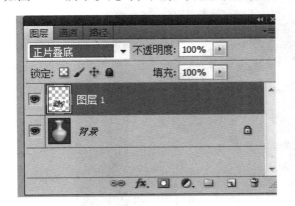

图 5.28          图 5.29

另外，用户还可用系统提供的变形样式变形图像。打开本书配套光盘"素材与实例"→"Ph5"→"12.jpg"文件。选择"编辑"→"变换"→"变形"，进入变换状态后，如图 5.30 所示。用户在其中选择合适的样式，以对图像进行相应的变形操作。设置所需的参数后，即得相对应的图像效果，如图 5.31 所示。

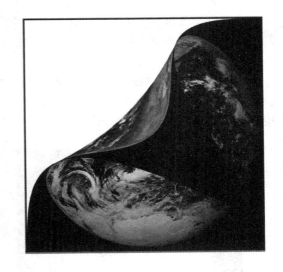

图 5.30          图 5.31

**提示：**

使用控制点变形图像时，选择"视图"→"显示额外内容"菜单，可显示或隐藏变形网格和控制点，有助于用户查看变形效果。

### 5.2.4 上机实践——制作包装盒

包装盒在生活中随处可见，新颖独特的包装既是产品的卖点，又是市场的亮点。本例将通过制作如图 5.32 所示的包装盒，重点巩固自由变换图像的操作。

图 5.32

**制作分析：**

本例分别通过对三个图层图像的自由变换，组成一个立方体的包装盒，然后再对其中的两个面进行明确调整，使其立体效果更明显。

**制作步骤：**

**步骤 1**   打开本书配套光盘"素材与实例"→"Ph5"→"13.psd"文件，如图 5.33（a）所示。该文件是由正面、侧面（已关闭显示）、上面（已关闭显示 ）和背景层四个图层组成，如图 5.33（b）显示。

（a）

（b）

图 5.33

**步骤2**　确保"正面"图层为当前图层，选择"编辑"→"变换"→"斜切"菜单，图像的周围出现变形框，将鼠标移至变形框右边中间的控制点上，当鼠标变成 ▶ 状时，向上移动鼠标，到所需的位置后松开鼠标，将正面图层的图像斜切，如图5.34（b）所示。

（a）　　　　　　　　　　　　　　　（b）

图5.34

**步骤3**　在变形框内右击鼠标，在弹出的快捷菜单中选择"缩放"，将鼠标放在变形框右边的中间控制点上，当鼠标变成 ▶ 状时，稍微向左拖动控制点，将正面图像的宽度变窄，如图5.35（b）所示。

（a）　　　　　　　　　　　　　　　（b）

图5.35

**提示：**
　　当同一图像多次执行扭曲、透视、缩放等变换后，会随着每次的变换丢失一部分像素。这样，图像就会因为像素的减少而不清楚。所以，尽量不要反复变换同一图像。

**步骤4**　对"正面"图层的图像变形好后，按 Enter 键确认操作。

**步骤5**　在"图层"调板中单击"侧面"图层，该层被显示并且成为当前操作层，选择

"编辑"→"变换"→"斜切"菜单，将鼠标移至变形框左边中间的控制点上，稍向上移动鼠标，到所需的位置后松开鼠标，将侧面图层的图像斜切。然后再执行一次缩放，将侧面图像的宽度变窄，其效果如图5.36所示。变形完成后，按Enter键确认操作。

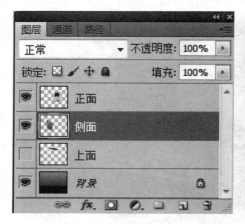

图5.36

**步骤6** 在"图层"调板中单击"上面"图层，使其显示。使用"扭曲"命令对上面的图像变形，如图5.37所示。

图5.37

**步骤7** 将"侧面"图层置为当前操作层，选择"图层"→"调整"→"亮度/对比度"菜单，在弹出的对话框中将"亮度"值设为-60，单击"确定"按钮，将侧面的图像调暗，如图5.38所示。

**步骤8** 将"正面"图层置为当前操作层，将该层的亮度调整至-25，如图5.39所示。

**步骤9** 将"上面"图层置为当前操作层，将该层的亮度调整至30，如图5.40所示。此时，包装盒的立体效果就呈现出来了。

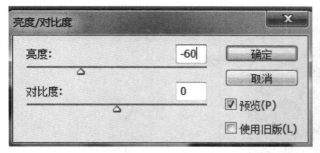

图 5.38

图 5.39

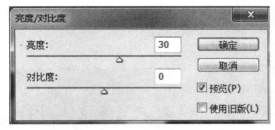

图 5.40

# 5.3 调整图像和画布大小

在实际工作中，经常要修改图像分辨率或画布的大小来满足用户设计的需要，本节分别介绍修改的方法。

### 5.3.1 改变图像的大小与分辨率

改变图像的大小和分辨率不仅有利于节省磁盘空间，还可以更好地输出图像。在Photoshop中，可以使用图像大小命令进行更改与调整。其操作方法如下：

**步骤1** 打开本书配套光盘中的"素材与实例"→"Ph5"→"14.jpg"文件，选择"图像"→"图像大小"菜单，打开"图像大小"对话框。

**步骤2** 在"图像大小"对话框中按图5.41（b）所示进行设置。在图像的高度、宽度和分辨率变小的同时，在对话框的上方可看到图像大小也由之前的7.66M，减小到1.23M，单击"确定"按钮关闭对话框即可改变图像的大小与分辨率。

 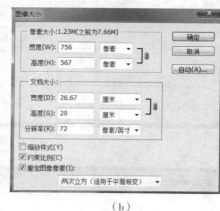

(a)　　　　　　　　　　　　(b)

图 5.41

> **像素大小：** 显示图像的宽度和高度，它决定了图像在屏幕上的显示尺寸。

> **文档大小：** 用来决定图像输出打印时的实际尺寸和分辨率大小。

> **约束比例：** 选中该复选框时，"宽度"和"高度"选项后出现标志，表示系统将图像的长宽比例锁定。当修改其中的某一项时，系统会自动更改一项，使图像的比例保持不变。

**提示：**

在图像窗口的蓝色标题栏上右击鼠标，在弹出的快捷菜单中选择"图像大小"，也可以更改图像大小，如图 5.41（a）所示。

> **重定图像像素：** 若勾选该复选框，更改图像的分辨率时，图像的显示尺寸会相应改变，而打印尺寸不变；若取消该复选框，更改图像的分辨率时，图像的打印尺寸会相应改变，而显示尺寸不变。

### 5.3.2　修改画布大小

有时用户可能需要的不是改变图像的显示或打印尺寸，而是对图像进行裁剪或增加空白区。为此，可以使用画布大小命令修改画大小。其操作方法如下：

**步骤 1**　打开本书配套光盘"素材与实例"→"Ph5"→"15.jpg"文件，如图 5.42 所示。

图 5.42

**步骤 2**　选择"图像"→"画布大小"菜单，打开"画布大小"对话框，如图 5.43 所示。

**步骤 3**　将"宽度"设置为 8 厘米，"高度"设置为 10 厘米，单击"确定"按钮，会弹出警告对话框，询问是否继续裁切，单击"继续"按钮，画布大小改变，如图 5.44 所示。

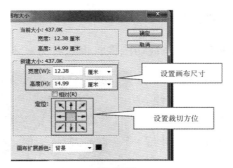

图 5.43

图 5.44

**提示：**

　　当设置的尺寸小于原尺寸时，系统会弹出一个警告对话框，警告这样做的结果将会剪切掉图像画面的某些部分。如果设置的尺寸大于原尺寸，则在图像四周增加空白区，默认情况下背景层的扩展部分将以当前背景色填充，其他层的扩展部分将为透明区。图 5.45 所示为设置不同的"定位"点后，延伸后的图像效果。

图 5.45

**提示：**

　　图像尺寸和画布尺寸是两个不同的概念，默认情况下，这两个尺寸是相等的，调整图像尺寸时，图像会被相应放大或缩小；改变画布尺寸时，图像本身不会被缩放。

### 5.3.3 利用裁剪工具裁切图像

尽管用户可以通过设置画布大小来裁切图像，但这种方式不太直观，所以也可以使用裁剪工具 对图像进行任意裁切。裁剪工具的使用方法既直观，又简单、方便。下面通过裁切一张图片说明其用法。

**步骤1** 打开本书配套光盘"素材与实例"→"Ph5"→"15.jpg"文件，在工具箱中选择裁切工具，然后在图像中单击裁切区域的第一个角点，并拖动光标至裁切区域的对角点，此时出现一个裁切框，松开鼠标后，被裁切的区域颜色变暗，如图5.46所示。

图5.46

**提示：**

如果希望在调整裁切框时让裁切框精确贴到图像的边界上，可在调整裁切框时按住Ctrl键。

若在选定裁切区域的同时按下Shift键，则可定义一正方形裁切区域。

若同时按下Alt键，则定义以开始点为中心的裁切区域。

若同时按下Shift + Alt组合键，则定义以开始点为中心的正方形裁切区域。

**步骤2** 对裁切框可以像对自由变形框那样移动、缩放、旋转或移动旋转支点，但不能扭曲、斜切、翻转。将裁切框旋转后，如图5.47所示。按Enter键即可确认该裁切操作。

图5.47

**提示：**

确定裁切区域后，在裁切区内双击，或选择"图像"→"裁剪"菜单，或单击工具箱中的裁剪工具 ，均可执行裁切操作。

若取消裁切，可按Esc键。

当确定裁切区域后，属性栏将发生变化，此时可利用其属性栏设置是否使用"屏蔽"

功能，以及调整裁切遮蔽的"颜色"和"不透明度"等属性。

此外，选中裁剪工具 后，用户还可利用其属性栏中指定的长度精确裁切图像，并修改图像的分辨率，如图 5.48 所示。

图 5.48

> **宽度、高度**：直接输入数值可设置裁切区域的高度和宽度。
> **分辨率**：设置裁切图像的分辨率，在其右侧的下拉列表中可以设置单位。
> **前面的图像**：单击该按钮表示使用图像当前的长、宽比例。
> **清除**：单击该按钮可清除当前宽度、高度和分辨率数值。

### 5.3.4　旋转与翻转画布

通过选择"图像"→"旋转画布"菜单中的各子菜单项，可以将画布分别做"180 度"旋转、"90 度（顺时针）"旋转、"90 度（逆时针）"旋转、"任意角度"旋转、"水平翻转画布"和"垂直翻转画布"。图 5.49 为将画布顺时针旋转 30 度后的效果。

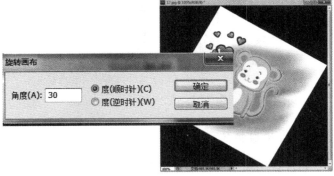

图 5.49

**提示：**

"旋转画布"命令与前面所讲的"变换"命令所不同的是，前者是针对整个图像旋转，而后者只对当前图层或选区内的图像变换。

# 5.4 操作的重复与撤销

由于图像处理是一项实验性很强的工作，因此，用户在进行图像处理时，可能经常要撤销或重复所进行的操作，本节就针对撤销和重复操作的方法进行介绍。

### 5.4.1 利用"编辑"菜单撤销单步或多步操作

在 Photoshop 对图像没有做任何处理之前，"编辑"菜单中的第一条命令为"还原"（为不可用状态），当执行了一步或多步操作后，它就被替换为"还原＋操作名称"。

➤ 单击"还原＋操作名称"菜单项可撤销刚执行过的操作，此时菜单项变为"重做＋操作名称"。

➤ 单击"重做＋操作名称"菜单项则取消的操作又被恢复。

➤ 若要逐步还原前面执行的多步操作，可选择"编辑"→"后退一步"菜单。

➤ 若要逐步恢复被删除的操作，可选择"编辑"→"前进一步"菜单，如图 5.50 所示。

没做任何操作前　　　　　执行操作后

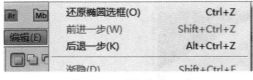

撤销最近一步操作后　　　　　　　　　　撤销多步操作后

图 5.50

### 5.4.2 利用"历史记录"调板撤销任意操作

"历史记录"调板是一个非常有用的工具，用户可利用它撤销前面所进行的操作，并可在图像处理过程中对当前处理结果创建快照，以及将当前处理结果保存为文件。

单击"历史记录"标签或选择"窗口"→"历史记录"菜单，可显示"历史记录"调板，如图 5.51 所示。

1. 撤销打开图像后所有的操作

当用户打开一个图像文件后，系统将自动把该图像文件的初始状态记录在快照区中，用户只要单击该快照，即可撤销打开文件后所执行的全部操作。

2. 撤销指定步骤后执行的系列操作

要撤销指定步骤后所执行的系统操作，用户只需在操作步骤区中单击该步操作即可，如图 5.52 所示。

图 5.51                          图 5.52

**提示：**

撤销了某些操作步骤后，如果又执行了其他操作，则这些操作步骤将取代"历史记录"调板中被取消的操作步骤的位置。

3. 恢复被撤销的步骤

如果撤销了某些步骤，并且还未执行其他操作，则可恢复被撤销的步骤，此时只需在操作步骤区单击要恢复的操作步骤即可，如图 5.53 所示。

### 5.4.3 使用"快照"暂存图像处理状态

由于"历史记录"调板中只能保存有限的操作步数（默认为 20 步），因此，如果操作较多，将会导致某些操作无法撤销。为此，Photoshop 还提供了"快照"功能。

通过创建快照可以保存图像的当前状态，要恢复该状态，只需单击"历史记录"调板照 1，并将其放在"历史记录"调板上的快照区，如图 5.54 所示。以后无论执行了多少操作，只要单击"快照 1"系统，就可自动恢复到"快照 1"所保存的图像状态。

### 5.4.4 为某个状态的图像创建新文件

由于快照只是保存在内存中，因此，如果用户希望永久保存某些处理状态，可利用"历史记录"调板中图像的某些处理状态创建新图像文件。

**步骤 1** 在"历史记录"调板中选定某个步骤后，单击面板中的"从当前状态创建新文档"按钮　　　，则系统将以该步骤的名称创建新图像文件，并打开一个新的图像窗口，如图 5.55 所示。

单击此处撤销该步骤以后的所有操作，此
时所撤销的操作名称将变为灰色。

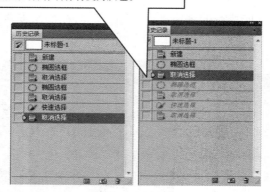

图 5.53

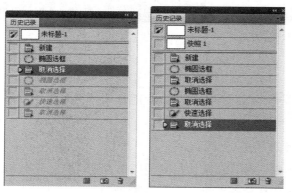

图 5.54

如果不在"历史记
录"调板中选择操
作步骤，表示为图
像的当前处理状态
创建新图像文件

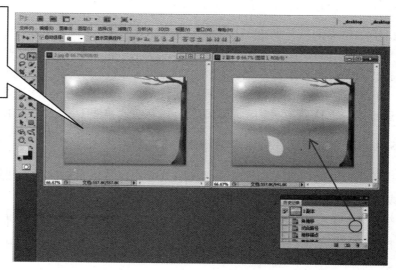

图 5.55

**步骤2** 用户可通过选择文件菜单中的"存储"或"存储为"选项来保存创建的新图像文件。

### 5.4.5 从磁盘上恢复图像和清理内存

➢ **恢复图像**：如果用户在处理图像时，曾经保存过图像，且其后又进行了其他处理，则选择"文件"→"恢复"菜单，可让系统从磁盘上恢复最近保存的图像。

➢ **清理内存**：由于 Photoshop 在处理图像时要保存大量的中间数据，所以会减慢计算机图像的速度。为此，可选择"编辑"→"清理"菜单中的选项，来清理、还原剪贴板数据、历史记录或全部操作。

## 5.5 学习总结

本章所学的知识属于 Photoshop 图像编辑的基本操作，例如，移动、复制、删除图像的方法，怎样对图像自由变换，如何改变图像、画布、分辨率大小，以及操作的撤销和重复。只有熟练掌握本章的知识，用户才能为以后的学习打下坚实的基础。

# 第 6 章

## 绘画与修饰工具（上）

### 知识要点

- 画笔工具和铅笔工具的使用
- 用图章工具组复制图像
- 用历史记录工具组恢复图像

### 章前导读

Photoshop 提供了大量的绘画与修饰工具，如画笔工具、铅笔工具、仿制图章工具等，利用这些工具可以对图像进行细节修饰，从而制作出一些艺术效果。在本章中，将学习这些绘图工具的使用方法，以及相关的操作技巧。

## 6.1　画笔工具和铅笔工具的使用

画笔工具是一种常用的绘图工具，它可以绘制柔和的彩色线条，其使用方法也很有代表性，一般绘图和修图工具的用法都和它相似。铅笔工具模拟铅笔的绘画风格，绘制一种手绘的自由边线效果，下面分别介绍。

### 6.1.1　画笔工具的使用

选择画笔工具后，在工具属性栏中可以设置其属性，在图像窗口拖动鼠标就可以绘画。其属性栏如图 6.1 所示。

图 6.1

- **画笔**：单击其后的下三角按钮，可在画笔下拉面板中选择所需的笔刷样式、设置合适的笔刷大小。
- **模式**：在该下拉列表中可以选择所需的混合模式。
- **不透明度**：单击其后的按钮，通过拖动滑块或直接输入数值可设置画笔颜色的不透明度。数值越小，不透明度越低。
- **流量**：用于设置画笔的流动速率。该数值越小，所绘线条越细。
- **“喷枪”按钮**：按下该按钮，可使画笔具有喷涂功能。
- **“切换画笔调板”按钮**：单击该按钮，可打开“画笔”调板。

### 6.1.2　铅笔工具的使用

铅笔工具通常用来绘制一些棱角比较突出，无边缘发散效果的线条，用法和画笔工具基本相同。其工具属性栏如图 6.2 所示。

图 6.2

➤ **"自动抹除"**：若选中该复选框，用户在与前景色颜色相同的图像区域内拖动鼠标时，将自动擦除前景色并填充背景色。

使用画笔工具和铅笔工具时，应注意以下几点：

➤ 绘画时使用的颜色为前景色。

➤ 若单击鼠标确定绘制起点后，按住 Shift 键再拖动画笔工具或铅笔工具，可画出一条直线。

➤ 若按住 Shift 键反复单击，则可自动画出首尾相连的折线。

➤ 按住 Ctrl 键，可暂时将画笔工具和铅笔工具切换为移动工具。

➤ 按住 Alt 键，则工具变为吸管工具。

### 6.1.3　颜色替换工具的使用

利用颜色替换工具可在保留图像纹理和阴影不变的情况下，快速改变图像任意区域的颜色。要使用该工具，应首先设置合适的前景色，然后在图像指定的区域进行涂抹即可，下面使用颜色替换工具替换照片中人物的衣服颜色，其操作步骤如下：

**步骤1**　打开本书配套光盘"素材与实例"→"Ph6"→"1.jpg"文件，如图 6.3 所示。

**步骤2**　使用快速蒙版模式将品红色的衣服制作成选区，如图 6.4 所示。

图 6.3

图 6.4

**步骤 3** 将前景色设置为淡蓝色（#96b9f9）。在工具箱中选择颜色替换工具，然后在其工具属性栏中设置"画笔"大小为 95 像素，"模式"设置为"颜色"，"容差"设置为 70%，其他参数为系统默认，如图 6.5 所示。

图 6.5

**步骤 4** 参数设置好后，用颜色替换工具在选区内涂抹，操作完成后，按 Ctrl + D 组合键取消选区，此时可看到衣服的颜色由品红转变成了淡蓝色，如图 6.6 所示。

➢ **"模式"**：该模式包含"色相""饱和度""颜色"和"亮度"4 种模式供用户选择，默认情况下为"颜色"。

➢ **"取样"按钮**：单击"连续"按钮，可在拖移时连续对颜色取样；单击"一次"按钮，只替换包含第一次点按的颜色区域中的目标颜色；单击"背景色板"按钮，只替换包含前景色的区域。

➢ **"限制"选项**：选择"连续"，表示将替换在光标下邻近的颜色；选中"不连续"，表示将替换出现在光标下任何位置的样式颜色；选中"查找边缘"，表示将替换包含样本颜色的连接区域，同时更好地保留形状边缘的锐化程度。

图 6.6

➢ **"容差"选项**：用户可在编辑框内输入数值，或拖动滑块调整容差大小，其范围为 1 ~ 100，其值越大，可替换的颜色范围就越大。

### 6.1.4 笔刷的选择与设置

在 Photoshop 中，大多数图像编辑工具（如铅笔、画笔）都拥有一些共同的属性，如不透明度、笔刷的选择与设置等，并且都可通过各自的工具属性栏进行设置。下面通过为图片添加树叶，来了解笔刷选择与设置的相关操作。

**步骤 1** 打开本书配套光盘"素材与实例"→"Ph6"→"2.jpg"文件，如图 6.7 所示。下面为图片再添加一些图案，使其完整。

**步骤 2** 首先为树干添加一些树叶，将前景色设置为橙色（#f09647），背景色设置为白色。

**步骤 3** 选择画笔工具，单击工具属性栏"画笔"后的按钮，在弹出的笔刷下拉面板中，向下拖动右侧的滚动条，然后在列表中选择"散布枫叶"样式，并将笔刷"主直径"设置为 50 像素，其他参数保持默认，如图 6.8 所示。

**步骤 4** 笔刷属性设置好后，在图像窗口右上角位置，单击并拖动鼠标，绘制枫叶图案，如图 6.9 所示。

图 6.7

图 6.8

图 6.9

**步骤5** 按 D 键，恢复默认的前、背景色（黑色和白色）。再次单击画笔工具属性栏"画笔"后的按钮，在弹出的笔刷下拉面板中单击右上角的按钮，在弹出的菜单中选择"特殊效果画笔"，如图 6.10 所示。

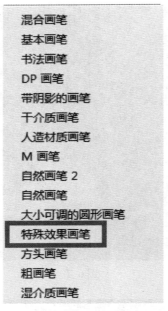

图 6.10

此时将弹出如图 6.11 所示的提示对话框，单击"追加"按钮，将"特殊效果画笔"文件添加在画笔笔刷样式下拉列表的下方。

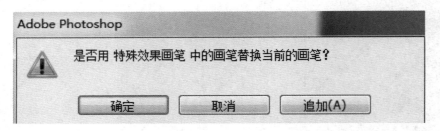

图 6.11

**提示：** 在笔刷下拉面板的控制菜单中，可以进行更改笔刷显示方式、加载系统内置笔刷、复位、存储笔刷等操作。

使用画笔工具编辑图像时，还可通过按键盘上的"［"和"］"键来改变笔刷的大小。

**步骤6** 在笔刷下拉面板中，拖动右侧的滚动条，从列表中选择"缤纷蝴蝶"样式，如图 6.12 所示。

**步骤7** 单击画笔工具属性栏右侧的按钮，打开"画笔"调板，单击对话框左侧列表中的"画笔笔尖形状"选项，然后在右侧的参数设置区设置"大小"为 60 像素，"间距"为 100%，如图 6.13 所示。

**步骤8** 单击左侧列表中的"形状动态"，在右侧参数设置区中将"大小抖动"设置为 90%，其他参数默认，如图 6.14 所示。最后，取消左侧列表中的"颜色动态"项的勾选，如图 6.15 所示。

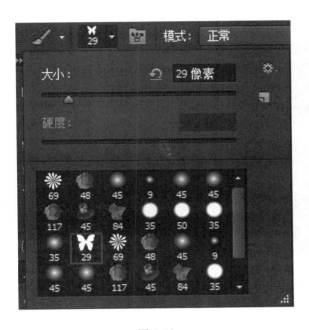

图 6. 12

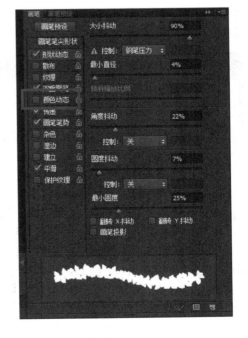

图 6. 13

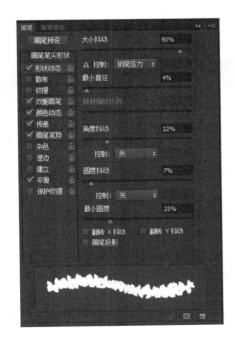

图 6. 14

图 6. 15

**试试看：** "画笔"调板是很常用的一个调板，利用它可设置笔刷的旋转角度、间距、发散、纹理填充等特性，从而制作很多漂亮的图像效果。例如，通过设置流量的动态控制，绘制出渐隐效果；通过设置"间距"参数，绘制出虚线效果。

**步骤9** 笔刷的属性设置好后，单击"画笔"调板右上角的按钮或按F5键，关闭"画笔"调板，然后在图像窗口中拖动鼠标，绘制蝴蝶，如图6.16所示。

图6.16

**想一想：** 当关闭Photoshop后，设置好的笔刷能保存下来吗？

当然可以，要保存笔刷设置，可以在以下操作中找到答案。

**步骤10** 在笔刷下拉面板中单击"从此画笔创建新的预设"按钮，打开"画笔名称"对话框，在对话框中输入画笔的名称，如图6.17所示。单击"确定"按钮，则新建的笔刷将被放在笔刷列表的最下面，如图6.18所示。

图6.17

### 6.1.5 自定义和保存画笔

在Photoshop中，用户可将任意形状的选区图像定义为笔刷。但是，笔刷中只保存了相关图像信息，而未保存其色彩。因此，自定义笔刷均为灰度图。自定义笔刷的操作步骤如下：

**步骤1** 打开本书配套光盘"素材与实例"→"Ph6"→"3.jpg"文件，将准备自定义为笔刷的蛇图案制作成选区，如图6.19所示。

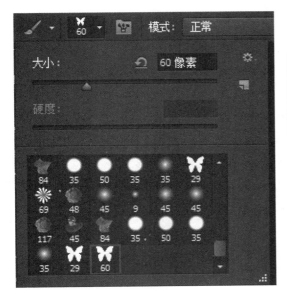

图 6.18

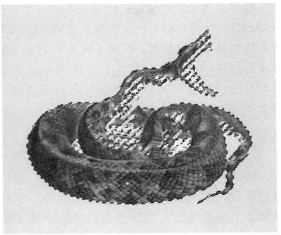

图 6.19

**步骤 2** 选择"编辑"→"定义画笔预设"菜单，打开"画笔名称"对话框，输入画笔的名称，如图 6.20 所示，单击"确定"按钮，自定义的画笔自动出现在笔刷列表的最下面，如图 6.21（a）所示。

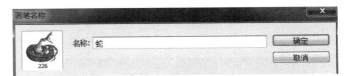

图 6.20

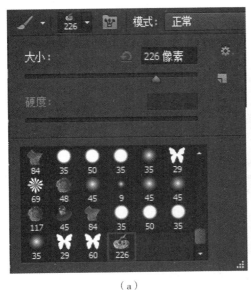

（a）

（b）

图 6.21

**步骤3**　在笔刷下拉面板中选择自定义的"蛇"画笔，然后调整不同的笔刷主直径进行绘画，如图6.21（b）所示。

**提示：** 若希望把自定义的画笔永久保存起来，可以将其保存成文件（笔刷文件的扩展名为\*.ABR）。其操作如下：先在画笔样式下拉列表中单击选中要保存的笔刷，然后单击笔刷下拉调板右上角的按钮，在弹出的菜单中选择"存储画笔"，在打开的"存储"对话框中输入笔刷的名称，再单击"保存"按钮即可。

### 6.1.6　改变绘画效果模式和不透明度

对于大部分的绘图和修饰工具来说，都可以通过设置其混合模式、不透明度来制作一些特殊效果。下面通过给人物肤色美白的例子来了解其使用方法。

**步骤1**　打开本书配套光盘"素材与实例"→"Ph6"→"4.jpg"文件，如图6.22所示。

图6.22

**步骤2**　选择工具箱中的画笔工具，将笔刷设置为主直径18像素的软边笔刷，在"模式"下拉列表中选择"柔光"，"不透明度"设置为50%，如图6.23所示。

图6.23

**步骤3**　将前景色设置为浅肤色（#f4ede5），在人物的皮肤上涂抹即可将人物肤色变白，如图6.24所示。

图6.24

**提示：** Photoshop 的笔刷有软边笔刷和硬边笔刷，对于铅笔工具而言，即使用软边笔刷绘画，也没有柔边效果。

# 6.2 用图章工具组复制图像

图章工具组包括仿制图章工具和图案图章工具，其基本功能是复制图像。下面分别介绍两种工具的使用方法。

### 6.2.1 仿制图章工具的使用

利用仿制图章工具，用户可将一幅图像的全部或部分复制到同一幅图像或另一幅图像中。通常用于去除照片中的污渍、杂点或进行图像合成。下面以去除照片中的日期为例来了解该工具的使用方法。

**步骤 1** 打开本书配套光盘"素材与实例"→"Ph6"→"5. jpg"文件，如图 6.25 所示。

**提示：** 仿制图章工具的属性栏和画笔工具的相似，也可以设置不透明度、模式等参数。

图 6.25

**步骤 2** 在工具箱中选择仿制图章工具，在工具属性栏中设置主直径为 21 像素的软边笔刷，其他参数默认，如图 6.26 所示。

图 6.26

➤ "对齐"复选框：默认状态下，该复选框被勾选，表示在复制图像时，无论中间执行了何种操作，均可随时接着前面所复制的同一幅图像继续复制。若取消该复选框，则每次单击都被认为是另一次复制。

➤ "对所有图层取样"复选框：选中该复选框表示将从所有可见图层的图像中进行取样；若取消选择该复选框，则只对当前图层中的图像进行取样。

**步骤 3** 按 Ctrl ++ 组合键将图像放大显示，在日期周围邻近的图像处按下 Alt 键，当光标变成◎状时，单击鼠标左键确定参考点，然后松开鼠标并在日期上涂抹，此时参考点的图像被复制过来，并将日期覆盖了。

**步骤 4** 在修复图像的过程中，还可以多次确定参考点进行复制，最后照片中的日期被完全覆盖，如图 6.27 所示。

图 6.27

**提示：** 在复制图像时出现的十字指针用于指示当前复制的区域。如果图像中定义了选区，则仅将图像复制到选区中。

### 6.2.2 图案图章工具的使用

利用图案图章工具，用户可以用系统自带的图案或者自己创建的图案绘画。下面通过为人物换装的例子说明其使用方法。

**步骤1** 打开本书配套光盘"素材与实例"→"Ph6"→"6.jpg""7.jpg"文件，如图6.28和图6.29所示。

图6.28　　　　　　　　　　　　图6.29

**步骤2** 将当前操作窗口切换到"7.jpg"文件，选择"编辑"→"定义图案"菜单，在弹出的"图案名称"对话框中输入"花朵"作为图案的名称，如图6.30所示。然后单击"确定"按钮，将"7.jpg"文件定义成图案。

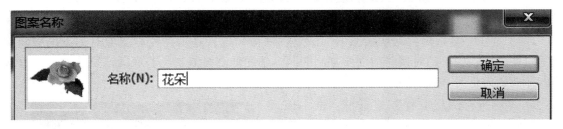

图6.30

**步骤3** 使用快速蒙版制作白色裙子的选区，如图6.31所示。

**步骤4** 在工具箱中选择图案图章工具，在工具属性栏中设置笔刷"主直径"为40像素，"模式"为"正片叠底"，然后单击"图案"右侧的按钮，在弹出的图案列表中选择前面自定义的"花朵"图案，如图6.32所示。

**步骤5** 属性设置好后，在衣服选区内拖动鼠标，用图案在选区内填充，如图6.33所示。最后取消选区，人物衣服被快速更换的同时，仍保持了原有的褶皱和纹理。

图 6.31

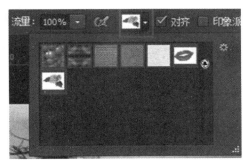

图 6.32

图 6.33

## 6.3 用历史记录工具组恢复图像

历史记录工具组包括历史记录画笔工具和历史记录艺术画笔工具，它们都属于恢复工具，通常配合"历史记录"调板使用。下面分别介绍其使用方法。

### 6.3.1 历史记录画笔工具的使用

历史记录画笔工具可以将图像编辑中的某个状态还原。下面通过为人物去除雀斑的例子来说明该工具的用法。

**步骤1** 打开本书配套光盘"素材与实例"→"Ph6"→"8.jpg"文件，如图6.34所示。

**步骤2** 选择"滤镜"→"模糊"→"高斯模糊"菜单，在打开的"高斯模糊"对话框中将"半径"设置为5像素，如图6.35所示。单击"确定"按钮，将图像高斯

图6.34

模糊，人物的雀斑被模糊掉了，但是眼睛、嘴唇等部位也模糊了，如图6.36所示。

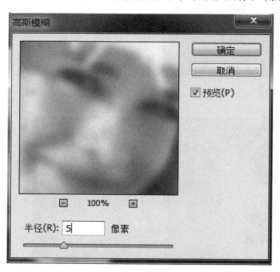

图6.35

图6.36

**步骤3** 选择历史记录画笔工具，在工具属性栏中设置主直径为40像素的软边笔刷，"模式"为正常，"不透明度"为100%，"流量"为100%，如图6.37所示。

图6.37

**步骤4** 属性设置好后，在人物的眼睛、嘴唇和面部的地方涂抹，使其恢复到打开图片的初始状态，如图6.38所示。

**步骤5** 适当降低笔刷的"不透明度"，并用适当大小的笔刷在眉毛、脸部轮廓的细微处涂抹，让去斑后的面部轮廓分明。这里值得注意的是，在涂抹皮肤时，切记要将"不透明度"设置得低一些，以免模糊掉的雀斑重新显示。

### 6.3.2　历史记录艺术画笔工具的使用

历史记录艺术画笔工具和历史记录画笔工具的使用方法相似，用它在画面中涂抹，可将图像编辑中的某个状态还原并做艺术化的处理，如图6.39所示。

图 6.38　　　　　　　　　　　　　　　　图 6.39

## 6.4　学习总结

本章主要通过绘制树叶、蝴蝶，美白人物皮肤，去除照片中的日期，更换人物衣服，去除人物面部雀斑等实例，来学习画笔工具、铅笔工具、颜色替换工具、仿制图章工具、图案图章工具、历史记录画笔工具和历史记录艺术画笔工具的使用方法。

通过本章的学习，用户还可了解到绘图和修饰工具有一些共同的属性，如混合模式、不透明度、笔刷的选择与设置等。在实际工作中，用户要想针对不同的情况选择合适的工具，还需对各种工具的功能、属性非常熟悉，才能灵活运用。

# 第7章

## 绘画与修饰工具（下）

● **知 识 要 点**

- 用橡皮擦工具组擦除图像
- 图像修饰
- 油漆桶工具与渐变工具

● **章 前 导 读**

在本章中，将继续学习 Photoshop 的绘画与修饰功能，包括如何使用橡皮擦工具组擦除图章；如何快速删除背景图像以选取所需的图像；如何使用 Photoshop 的修饰工具修复与修饰图像，例如，利用减淡工具美白牙齿、皮肤等；如何利用渐变工具制作漂亮的渐变图案等。下面就一起来看看它们是如何工作的！

## 7.1　用橡皮擦工具组擦除图像

在橡皮擦工具组中，共提供了 3 种擦除工具，如图 7.1 所示，其主要功能是擦除图像颜色。下面分别介绍三种橡皮擦工具的使用方法。

### 7.1.1　橡皮擦工具的使用

橡皮擦工具的使用方法非常简单，直接在图像窗口拖动鼠标就可以擦除图像，如图 7.2 所示。

选择该工具后，用户还可通过其工具属性栏设置相关参数，如图 7.3 所示。

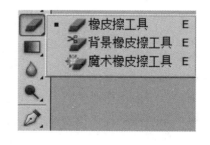

图 7.1

➤ **模式**：可以设置不同的擦除模式。当选择"块"时，擦除区域为方块，且此时只能设置"抹到历史记录"选项。

➤ **"抹到历史记录"复选框**：若选中该复选框，橡皮擦工具将具有类似历史记录画笔工具的功能，用户可以有选择地将图像恢复到指定步骤。

### 7.1.2　背景橡皮擦工具的使用

背景橡皮擦工具是一个很神奇的工具，它可以将选定区域擦除成透明效果。利用该工具抠取反差较大的图像的效果非常好，下面以抠取人物为例，了解该工具的用法。

图 7.2

图 7.3

**步骤 1** 打开本书配套光盘中的"素材与实例"→"Ph7"→"2.jpg"文件，在工具箱中选择吸管工具，在人物的头发上单击鼠标进行取样，将其头发颜色设置成前景色，然后按住 Alt 键在人物的背景上单击鼠标进行取样，将人物的背景颜色设置为当前背景色，如图 7.4 所示。

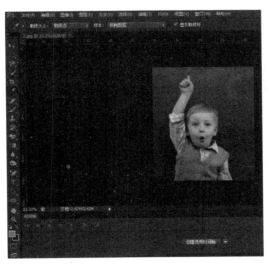

图 7.4

**步骤 2** 在工具箱中选择背景橡皮擦工具，在其工具属性栏中设置如图 7.5 所示参数。

图 7.5

➢ **限制**：限制包括 3 个选项，默认为"连续"，表示擦除时连接取样；如果选择"一次",表示仅取样单击鼠标时光标所在位置的颜色,并将该颜色设置为基准颜色;如果选择"背景色板",表示将背景色设置为基准颜色。

➢ **容差**:用于设置擦除颜色的范围。值越小,被擦除的图像颜色与取样颜色越接近。

➢ **保护前景色**:选中该复选框可以防止具有前景色的图像区域被擦除。

**步骤3** 属性设置好后,在人物的背景上按住鼠标左键涂抹。因为在工具属性栏中勾选了"保护前景色"(也就是人物的头发颜色),所以,即便在人物的头发上涂抹,人物头发也不受影响,这样,人物和头发就从背景中抠取出来了,如图7.6所示。

**步骤4** 给人物换个背景,看看抠取的效果吧!如果觉得还有一些细小的地方擦得不干净,可以将图像放大,再将"容差"值设置高一些,继续涂抹。

图7.6

**提示:**背景色橡皮擦工具和下面将要介绍的魔术橡皮擦工具都可直接在背景层上使用,使用该工具后,"背景"层将自动转换成普通层。

### 7.1.3 魔术橡皮擦工具的使用

魔术橡皮擦工具可以将图像中颜色相近的区域擦除。它与魔棒工具有些类似,也具有自动分析的功能,下面以一个例子进行说明。

**步骤1** 打开本书配套光盘"素材与实例"→"Ph7"→"4.jpg"文件。

**步骤2** 在工具箱中选择魔术橡皮擦工具,在工具属性栏中取消"连续"复选框的勾选,其他参数保持默认不变,如图7.7所示。

容差:32 ✓消除锯齿 ✓连续 □对所有图层取样 不透明度:100%

图7.7

**步骤3** 将光标移至背景图像上,单击鼠标左键,即可将鼠标单击处的背景擦除成透明区域,如图7.8所示。

图7.8

**提示：** 勾选"连续"复选框，表示只删除与点按像素邻近的颜色；取消"连续"复选框，表示删除图像中所有与点按像素相似的颜色。

# 7.2　图像修饰

Photoshop 提供了很多图像修饰工具，如修复画笔、模糊、锐化、加深和减淡工具等，利用它们可以对图像进行修复、模糊、加深等处理。

## 7.2.1　用修复画笔工具组修复图像

修复画笔工具组包括污点修复画笔工具、修复画笔工具、修补工具和红眼工具。利用这些工具可修复图像中的缺陷，如修复破损的图像、去除人物的皱纹、快速去除照片中的红眼等，下面分别介绍它们的使用方法。

1. 修复画笔工具的使用

利用修复画笔工具，可清除图像中的杂质、污点等。修复画笔工具和仿制图章工具相似，也是从图像中取样复制到其他部位，或直接用图案进行填充。但不同的是，修复画笔工具在复制或填充图案的时候，会将取样点的图像自然融入复制的图案位置，并保持其纹理、亮度和层次，使被修复的图像和周围的图像完美结合。下面通过去除女孩脸上的雀斑来说明该工具的用法。

**步骤 1**　打开本书配套光盘"素材与实例"→"Ph7"→"5.jpg"文件，如图 7.9 所示。

**步骤 2**　在工具箱中选择修复画笔工具，在工具属性栏中设置其属性，如图 7.10 所示。

图 7.9

图 7.10

**步骤 3**　属性设置好后，在人物面部雀斑附近的皮肤处，按住 Alt 键单击鼠标，确定参考点，然后松开 Alt 键，在雀斑上单击鼠标左键，如图 7.11 所示。

**步骤 4**　在修复不同区域的图像时，用户还应设置不同的参考点，这样修复的图像才能更自然、真实。修复好的图像如图 7.12 所示。

**试试看：** 打开本书配套光盘"素材与实例"→"Ph7"→"15.jpg"文件，试着利用修复画笔工具属性栏中的"图案"功能为人物换个背景图像。

图 7.11

图 7.12

### 2. 污点修复画笔工具

污点修复画笔工具可快速移动照片中的污点和其他不理想部分。污点修复画笔工具的工作方式与修复画笔工具的相似，两者不同之处是，污点修复画笔工具可自动在修复区域的周围取样，而不需要用户定义参考点。下面就用污点修复画笔工具来清除图像中的污点。

**步骤1** 打开本书配套光盘"素材与实例"→"Ph7"→"6. jpg"文件，如图 7.13 所示。

**步骤2** 选择污点修复画笔工具，在其工具属性栏中设置笔刷属性，如图 7.14 所示。其属性栏各项参数的意义如下：

图 7.13

图 7.14

> "**近似匹配**"**单选钮**：勾选该单选钮表示将使用周围图像来近似匹配要修复的区域。

> "**创建纹理**"**单选钮**：勾选该单选钮表示将使用选区中的所有像素创建一个用于修复该区域的纹理。

**步骤3** 属性设置好后，将光标移至污点处，单击鼠标左键，释放鼠标后，污点即被清除，如图 7.15 所示。

**提示**：如果需要修饰大片区域或需要更大程度地控制取样来源，可以使用修复画笔工具而不是污点修复画笔工具。

3. 修补工具的使用

修补工具也是用来修复图像的，其作用、原理和效果与修复画笔工具的相似，但它们的使用方法有所区别。修补工具的操作是基于选区的，其使用方法如下。

**步骤1** 打开本书配套光盘中的"素材与实例"→"Ph7"→"7.jpg"文件，如图7.16所示。

图7.15                    图7.16

**步骤2** 在工具箱中选择修补工具，保持默认的参数不变，如图7.17所示。

图7.17

➤ **"源"单选钮**：选中该单选钮后，如果将源图像选区拖至目标区，则源区域图像将被目标区域的图像覆盖。

➤ **"目标"单选钮**：若选中该单选钮，表示将选定区域作为目标区，用其覆盖其他区域。

**步骤3** 用修补工具将人物脸上的字迹定成选区，将鼠标指针移至选区内，如图7.18（a）所示，按住鼠标左键并拖动至没有字迹的地方。松开鼠标后，字迹即可被代替，美女脸上的字迹即被修补好了，如图7.18（b）所示。

4. 红眼工具的使用

利用红眼工具可以轻松地去除因使用闪光灯拍摄的人物照片上的红眼。单击工具箱中的红眼工具，其属性栏如图7.19所示。

红眼工具的使用方法很简单，只需使用红眼工具在红眼睛处单击即可消除红眼。图7.20所示为消除红眼前后的对比效果。

### 7.2.2 用模糊、锐化和涂抹工具处理图像

模糊工具和锐化工具可以分别使图像产生模糊和清晰的效果，涂抹工具的效果则类似于

（a） （b）

图 7.18

图 7.19

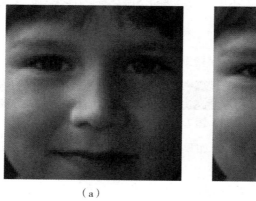 

（a） （b）

图 7.20

用手指搅拌颜色。它们的使用方法非常简单，首先选中相应的工具，然后在图像上反复拖动光标即可。

➢ **"模糊工具"**：通过将突出的色彩打散，使得僵硬的图像边界变得柔和，颜色过渡变得平缓，起到一种模糊图像的效果，如图 7.21（a）所示。

➢ **"锐化工具"**：其原理和模糊工具的正好相反，它可使图像的色彩变强烈，使图像柔和的边界变得清晰，如图 7.21（b）所示。

➢ **"涂抹工具"**：可以模拟手指涂抹油墨的效果，并沿拖移的方向润开此颜色。它可以柔和相近的像素，创造柔和及模糊的效果，如图 7.21（c）所示。若在其工具属性栏中选中"手指绘画"复选框，表示将使用前景色进行涂抹。

**提示**：和大多数工具一样，在使用这 3 个工具时，也可在工具属性栏中选择合适的笔刷，或设置相关参数，如模式、强度（该值越大，效果越强）等。

（a）　　　　　　　　　　（b）　　　　　　　　　　（c）

图 7.21

### 7.2.3　用减淡、加深和海绵工具处理图像

利用减淡工具和加深工具可以很容易地改变图像的曝光度，从而使图像变亮或变暗，下面利用这两个工具改变城堡的图像明暗程度。

**步骤 1**　打开本书配套光盘"素材与实例"→"Ph7"→"10. jpg"文件，如图 7.22（a）所示。首先在工具箱中选择加深工具，在工具属性栏中进行如图 7.23 所示设置。

**步骤 2**　属性设置好后，在城堡上方光亮处轻轻涂抹，涂抹出它的暗部区域，如图 7.22（b）所示。

**步骤 3**　选择减淡工具，其工具属性栏与加深工具的相同，设置合适的笔刷属性，然后在图像上轻轻涂抹，绘制出光亮效果，其最终效果如图 7.22（c）所示。

（a）　　　　　　　　　　（b）　　　　　　　　　　（c）

图 7.22

图 7.23

**提示**：加深工具和减淡工具的作用是相反的，但它们的工具属性栏是相同的，其中，"范围"用于选择加深或减淡效果的范围；"曝光度"设置值越大，加深或减淡效果越明显。

利用海绵工具，则可以调整图像的饱和度。图 7.24 显示了海绵工具的属性栏，图 7.25 所示为使用海绵工具修饰图像后的效果。利用工具属性栏可选择海绵工具的工作方式，也可为这个工具设置流量属性，该数值越大，操作效果也就越明显。

图 7.24

### 7.2.4 上机实践——照片整容（洗牙、染发和去除皱纹）

通过前面的学习，现在可以为一位老年人整容了，这里所说的并不是真实的整容，而是照片整容，使照片中的老年人看起来年轻一些，如图 7.26 所示效果，整容前后有着明显的差距。下面就动手做一次照片整容师吧！

图 7.25                 图 7.26

**制作分析：**

分别使用修复画笔工具、修补工具和仿制图章工具去除人物脸部的皱纹，然后用减淡工具为人物美白牙齿，最后用加深工具为人物染发完成整容工作。

**制作步骤：**

**步骤 1** 打开本书配套光盘"素材与实例"→"Ph7"→"12.jpg"文件。选择工具箱中的修复画笔工具，然后在其工具属性栏中设置相关属性，如图 7.27 所示。

**步骤 2** 首先去除额头的皱纹。使用缩放工具局部放大图像，然后切换到修复画笔工具。按住 Alt 键，在没有皱纹的皮肤上单击鼠标左键，定义参考点，再松开 Alt 键，并在有皱纹的地方涂抹，直至皱纹消失，如图 7.28 所示。

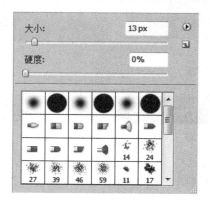

图 7.27               图 7.28

**步骤 3** 接下来换用修补工具修复大面积的皱纹，其工具属性设置如图 7.29 所示。

图 7.29

**步骤4** 属性设置好后，用修补工具在人物额头上侧创建选区，如图7.30所示。

**步骤5** 人物脸颊、鼻梁及眼角处的皱纹需要细心处理，这些部分的皱纹需用仿制图章工具进行修复。在其工具属性栏中，选择30像素的软边笔刷，并设置"不透明度"为30%，然后定义参考点，再进行修复操作，达到满意效果后，释放鼠标即可。可参照如图7.31所示效果。

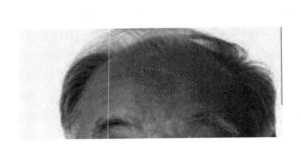

图7.30　　　　　　　　　　　　　　　　图7.31

**步骤6** 下面要为人物美白牙齿。选择工具箱中的减淡工具，在其属性栏中设置相关参数，如图7.32所示。

图7.32

**步骤7** 属性设置好后，在人物的牙齿上进行涂抹即可使牙齿变白，其效果如图7.33（a）所示。双击抓手工具，以全屏显示图像，查看整体效果，如图7.33（b）所示。

（a）　　　　　　　　　　　　　　　（b）

图7.33

**步骤8** 接下来为人物染发。选择加深工具，在其工具属性栏中设置画笔为直径8像素的软边笔刷，并将"曝光度"降低至30%，如图7.34所示。

图 7.34

**步骤9** 属性设置好后，将光标移至人物头发上，接下鼠标左键，并进行涂抹，至满意效果后，释放鼠标，人物的头发就染好了，如图7.35所示。

图 7.35

# 7.3 油漆桶工具和渐变工具

油漆桶工具和渐变工具都属于填充工具。其中，油漆桶工具用于填充图像或选区中颜色相近的区域；渐变工具可以快速制作渐变图案。下面分别对其进行介绍。

### 7.3.1 油漆桶工具的使用

利用油漆桶工具进行区域填充时，用户只能选择使用前景色或图案，而不能选择背景色、灰色等。选择该工具后，在选区内或图像上单击即可填充颜色或图案。其工具属性栏如图7.36所示。

图 7.36

**提示：** 油漆桶工具与填充命令不同，因为填充命令用于完成填充图像或选区，而油漆桶工具只能填充图像或选区中颜色相近的区域。

### 7.3.2 渐变工具的使用——绘制漂亮的背景

利用渐变工具可以快速制作渐变图案。所谓渐变图案，实质上就是在图像的某一区域填入的具有多种过渡颜色的混合色。这个混合色可以是前景色到背景色的过渡，也可以是背景色到前景色的过渡，或其他颜色间的相互过渡。图 7.37 显示了渐变工具的属性栏，用户可从中选择和调整渐变图案、设置渐变类型、设置渐变图案的色彩混合模式和不透明度等参数。

图 7.37

> **图片：** 该组按钮为渐变方式按钮组，从左至右依次为"线性渐变"按钮、"径向渐变"按钮、"角度渐变"按钮、"对称渐变"按钮和"菱形渐变"按钮，图中箭头表示制作渐变图案时，拖动操作的方向、起点和终点。其效果如图 7.38 所示。

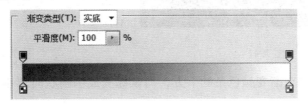

图 7.38

> **反向：** 若选中该复选框，可以将渐变图案反向。
> **仿色：** 选择该复选框可使渐变层的色彩过渡得更加柔和、平滑。
> **透明区域：** 该复选框用于设置关闭或打开渐变图案的透明度。

除了使用系统提供的渐变图案外，用户还可根据需要编辑各种渐变图案，下面通过为如图 7.39 所示的卡通图片添加一个漂亮的渐变背景，来学习如何编辑渐变色。

**步骤 1** 打开本书配套光盘"素材与实例"→"Ph7"→"13.psd"文件，该文件包含两个图层："背景"和"图层 1"，如图 7.40 所示。

图 7.39

图 7.40

**步骤2**　在"图层"调板中，单击"背景"图层，将其置为当前图层，如图7.41所示。

**步骤3**　在工具箱中选择渐变工具，在工具属性栏中选择"线性渐变"按钮，单击"点按可编辑渐变"图标，此时可打开"渐变编辑器"对话框，如图7.42所示。

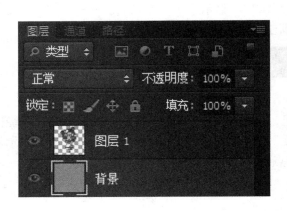

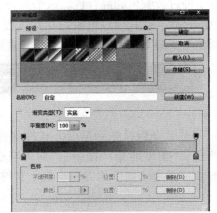

图7.41　　　　　　　　　　　　　　　　　　　　图7.42

**步骤4**　将鼠标移至渐变颜色条的下方，当鼠标变成手指状时单击鼠标左键，增加2个色标，如图7.43所示。

**提示：** 若想删除某个色标，只需将该色标拖出对话框或在选中色标后，单击"色标"设置区下方的"删除"按钮即可。

**步骤5**　分别双击每个色标，在打开的"拾色器"对话框中设置色标的颜色。设置完成后，单击"确定"按钮，关闭"渐变编辑器"对话框。

**步骤6**　将光标移至图像窗口上部，单击鼠标左键并向下拖动，至合适的位置时，释放鼠标，即可绘制出刚才设置的渐变图案，如图7.44所示。

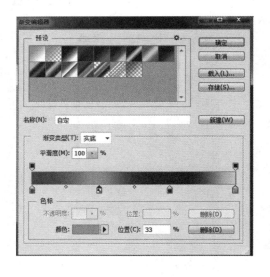

图7.43　　　　　　　　　　　　　　　　　　　　图7.44

# 7.4 学习总结

　　本章主要学习了橡皮擦工具组、修复画笔工具、污点修复画笔工具、修补工具、减淡工具、加深工具、油漆桶和渐变等工具的使用方法，并且学以致用，制作了抠取人物头发、去除人物背景、修复人物皮肤、照片整容、绘制渐变背景等实例。本章所讲的大部分工具在实际工作中都是十分常用的，所以用户应多做一些练习，熟练掌握。

# 第 8 章

## 图像色彩处理

● 知 识 要 点 ━━━━━━━━━━

- 颜色模式
- 图像色调
- 调整图像色彩
- 特殊图像颜色的调整

● 章 前 导 读 ━━━━━━━━━━

每当看到色彩斑斓的画面时，都不禁感叹"春之碧绿、夏之火红、秋之橙黄及冬之洁白"，这些迷人的色彩都是怎么得来的呢？本章便一起来学习如何利用 Photoshop 制作出这些色彩斑斓的图像。

## 8.1　颜色模式

颜色模式是图像设计的最基本知识，它决定了如何描述和重现图像的色彩。同一种文件格式可以支持一种或者多种颜色模式。

### 8.1.1　常用颜色模式简介

在 Photoshop 中，常用的颜色模式有 RGB、CMYK、Lab、位图模式、灰度模式、索引模式、双色调模式、多通道模式等。各种色彩模式之间存在一定的通性，可以很方便地相互转换。但它们也都要有自己的特点，下面分别介绍。

1. RGB 颜色模式

利用红（Red）、绿（Green）和蓝（Blue）3 种基本颜色进行颜色加法，可以配制出绝大部分肉眼能看到的颜色。彩色电视机的显像管及计算机的显示器，都是以这种方式混合出各种不同的颜色效果的。

Photoshop 将 24 位 RGB 图像看作 3 个颜色通道，分别为红色通道、绿色通道和蓝色通道。其中每个通道使用 8 位颜色信息，该信息用 0～255 的亮度值来表示。这 3 个通道通过组合，可以产生 1 670 余万种不同的颜色。由于用户可以用不同通道 RGB 图像进行处理，从而增强了图像的可编辑性。

2. CMYK 颜色模式

CMYK 颜色模式是一种印刷模式，其中的 4 个字母分别是指青（Cyan）、洋红（Magenta）、黄（Yellow）和黑（Black）。

在处理图像时，一般不采用 CMYK 模式，因为这种模式的图像文件占用的存储空间较大。此外，在这种模式下，Photoshop 提供的很多滤镜都不能使用，因此，人们只是在印刷时才将图像颜色模式转换为 CMYK 模式。

3. Lab 颜色模式

Lab 颜色模式是 Photoshop 内部的颜色模式，由于该模式是目前所有模式中包含色彩范围最广的颜色模式，能毫无偏差地在不同系统和平台之间进行交换，因此，该模式是 Photoshop 在不同颜色模式之间转换时使用的中间颜色模式。

4. 索引颜色模式

为了减小图像文件所占的存储空间，人们设计了一种"索引颜色"模式。由于这种模式可极大地减小图像文件的存储空间，所以多用于网页图像与多媒体图像。

5. 灰度模式

灰度图像中只有灰度信息而没有彩色。Photoshop 将灰度图像看成只有一种颜色通道的数字图像。

6. 双色调模式

彩色印刷品通常情况下是用 CMYK 4 种油墨来印刷的，但也有些印刷物，例如名片，往往只需要用两种油墨颜色就可以表现出图像的层次感和质感。因此，如果并不需要全彩色的印刷质量，可以考虑利用双色印刷来降低成本。

7. 位图模式

位图模式的图像实际上是由一个个黑色和白色的点组成的。像激光打印机这样的输出设备，都是靠细小的点来渲染灰度图像的，因此使用位图模式可以更好地设定网点的大小、形状和相互的角度。

8. 多通道模式

将图像转换为"多通道"模式后，系统将根据源图像产生相同数目的新通道，但该模式下的每个通道都为 256 级灰度通道（其组合仍为彩色）。这种显示模式通常被用于处理特殊打印，例如，将某一灰度图像以特别颜色打印。

提示：

如果用户删除了"RGB 颜色""CMYK 颜色"或"Lab 颜色"模式中的某个通道，该图像会自动转换为"多通道"模式。

### 8.1.2  色彩模式间的相互转换

在 Photoshop 中，系统推荐使用 RGB 颜色模式，因为只有在这种模式下，用户才能使用系统提供的所有命令与滤镜。如果用户想将颜色模式转换，可选择"图像"→"模式"菜单下的相应命令。

提示：要将图像转换为"双色调"模式，首先将图像转换为"灰度"模式，然后再由"灰度"模式转换为"双色调"模式。

要将图像转换为"位图"模式，首先将图像转换为"灰度"模式，再由"灰度"模式转换为"位图"模式。

## 8.2 图像色调

Photoshop 提供了十分强大的色彩和色调调整功能（所有的命令都位于"图像"→"调整"菜单下），利用它们可轻而易举地创作出绚丽多彩的图像世界。

### 8.2.1 调整色阶——改变图像明暗及反差效果

"色阶"命令对于调整图像色调来说是使用频率非常高的命令之一。它可以通过调整图像的暗调、中间调和高光的强度级别，来校正图像的色调范围和色彩平衡。下面以将一张蓝天白云的照片变得色彩鲜明为例，来了解该命令的用法。

**步骤 1** 打开本书配套光盘"素材与实例"→"Ph8"→"1. jpg"文件，如图 8.1 所示。

**步骤 2** 选择"图像"→"调整"→"色阶"菜单或按 Ctrl + L 组合键，打开"色阶"对话框，如图 8.2 所示。从"色阶"直方图可以看出，这个照片的像素基本上分布在中等亮度和暗部区域，而右边最亮的地方像素最大，这就是这张照片偏亮的真正原因。

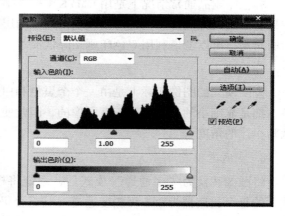

图 8.1            图 8.2

➤ **"设置黑场"工具**：若选择该工具后在图像中单击，图像中所有像素的亮度值将被减去吸管单击处像素的亮度值，从而使图像变暗。双击该工具可打开"拾色器"，从而直接设置黑场颜色。

➤ **"设置白场"工具**：该工具的作用与"设置黑场"吸管的正好相反。

➤ **"设置灰点"工具**：若选择该工具后在图像中单击，图像中所有像素的亮度值将根据吸管单击处像素的亮度值进行调整。

➤ **"自动"**：单击该按钮，Photoshop 将以 0.5% 的比例调整图像的亮度，把最亮的像素变为白色，把最暗的像素变为黑色。

➤ **"选择"**：单击该按钮，系统将打开"自动颜色校正选项"对话框，利用该对话框可设置"暗调"和"高光"所占比例。

**提示：** 调整图像的色调就是通过移动"色阶"对话框中几个滑标的位置，为图像设定正确的黑白场和中间亮度值来实现的。

**步骤3** 用鼠标将"输入色阶"左边的黑色滑块移至中间，可以看到照片变暗了。因为黑色滑块表示图像中最暗的地方，现在黑色滑块所在的位置是原来灰色滑块所在的位置，这里对应的像素原来是中等亮度的，现在被确认为最暗的黑色。黑色的空间几乎占所有像素的一半，所以图像就变暗了。对应设置其他两个滑块的值，如图 8.3 所示。最后单击"确定"按钮关闭对话框，效果如图 8.4 所示。

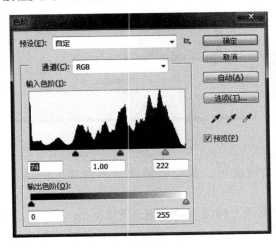

图 8.3

图 8.4

### 8.2.2 自动色阶

选择"图像"→"调整"→"自动色阶"命令或按 Shift + Ctrl + L 组合键，可以将每个通道中最亮和最暗的像素定义为白色和黑色，然后按比例重新分配中间像素值来自动调整图像的色调。该命令不设对话框，与"色阶"对话框中的"自动"按钮功能完全相同。

### 8.2.3 自动对比度

选择"图像"→"调整"→"自动对比度"命令或按 Alt + Shift + Ctrl + L 组合键，可以自动调整图像整体的对比度，该命令也不设置对话框。

### 8.2.4 利用"曲线"命令增强照片的层次感

"曲线"命令可以精确调整图像，赋予那些原本应当报废的图片新的生命力。该命令是用来改善图像质量方法中的首选，它不但可调整图像整体或单独通道的亮度、对比度和色彩，还可调节图像任意局部的亮度。下面以增强照片的层次感为例来学习该命令的用法。

**步骤1** 打开本书配套光盘"素材与实例"→"Ph8"→"2. jpg"文件，如图 8.5 所示。从图中可知，这张照片好像蒙了一层薄纱，显得没有层次感，并且好像水洗过似的，显得很旧，因此，需要对其进行调整。

**步骤2** 选择"图像"→"调整"→"曲线"菜单或按 Ctrl + M 组合键，打开"曲线"

对话框，如图8.6所示。

图8.5

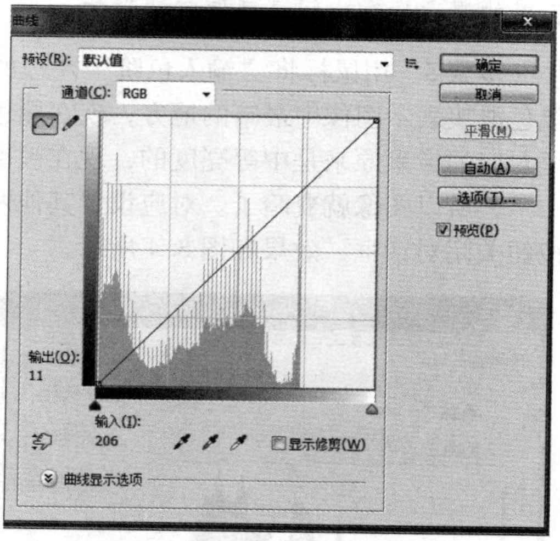

图8.6

**通道：**单击右边按钮，在下拉列表中选择单色通道，从而单独调整不同通道的曲线形状。

➢ 该按钮默认为选中状态，表示可通过拖动曲线上的调节点来调整图像。

➢ 选中该工具后，可在曲线编辑框中手工绘制复杂的曲线。绘制结束后，单击按钮可显示曲线及其节点。

**步骤3** 在"曲线"对话框中，用鼠标按住曲线的下部，向下拖动曲线，到适当的位置后松开鼠标，可以看到图像变暗了。

**步骤4** 用鼠标按住曲线的上部，向上拖动曲线，到适当的位置后松开鼠标，可以看到照片的亮度提高了。设置曲线值如图8.7所示。

**提示：**若多次单击曲线，可产生多个节点，从而可将曲线调整成比较复杂的形状；要在表格中选中某个节点，可直接单击该节点；要同时选中多个节点，可在按下Shift键后单击这些节点。

**步骤5** 下面对曲线的形状做进一步调整。在曲线的中部单击增加节点，然后稍向下拖动鼠标，到适当位置后松开鼠标，将中间亮度的像素调暗。此时的图像看上去焕然一新，如图8.8所示。最后，单击"确定"按钮关闭对话框。

**提示：**要移动节点位置，可在选中该节点后用光标或4个方向键进行拖动；要删除节点，可在选中节点后将节点拖至坐标区域外，或按下Ctrl键后单击要删除的节点。

### 8.2.5 调整色彩平衡——照片偏色的判断与校正

偏色可以理解为照片的色彩不平衡，校正偏色就是恢复照片中正常的色彩平衡关系。对于偏色的照片，可利用"信息"调板对其进行偏色的判断，然后利用"色彩"命令校正偏色。下面通过一个实例介绍照片偏色的判断与校正方法。

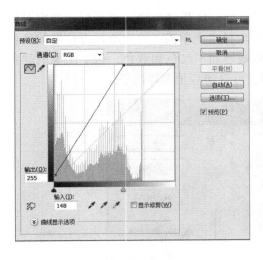

图 8.7 图 8.8

**步骤 1** 打开本书配套光盘"素材与实例"→"Ph8"→"3. jpg"文件,如图 8.9 所示。

图 8.9

**步骤 2** 打开"信息"调板,并利用颜色取样器工具在图像中各个地方检测,可看到"信息"调板上的颜色参数等信息在变化,这是光标所在位置的像素的颜色信息。

**步骤 3** 在图像中查找原本应该为黑白灰的地方,如水泥台、石柱等。把鼠标指针放在这些地方的图像上,可以在"信息"调板上看到有关的颜色信息,如图 8.10 所示。

**提示:** 由这几个取样点可知,水泥台本应该是黑白灰色,它的 RGB 值应该是 R = G = B,现在从各个取样点的颜色信息获知,在 RGB 参数中,G 值较高,也就是说绿色较多,照片有点偏绿。

图 8.10

**步骤4** 选择"图像"→"调整"→"色阶"菜单,打开"色阶"对话框,选中对话框中的"设置灰点"吸管工具,在图8.11中设置的取样点上单击,这个取样点位置的颜色就恢复为 R = G = B,也就是自动减少了绿色,相应地增加了红色和蓝色,整个图像的颜色也被校正过来了。用鼠标在图像中的各个地方检测,可看到 G 值都降低了。

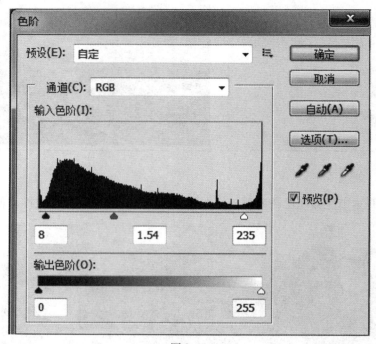

图 8.11

**步骤5** 校正图像的偏色后,如果对照片的色调还不满意,可以调整"色阶"对话框中"输入色阶"下3个滑块的位置,以使照片达到满意效果,如图8.12所示。设置完成后,单击"确定"按钮关闭对话框。

图 8.12

### 8.2.6 调整亮度/对比度

使用"亮度/对比度"命令对图像的色调范围进行调整是最简单的方法。与"曲线"和"色阶"命令不同，"亮度/对比度"命令一次调整图像中的所有像素（高光、暗调和中间调），如图8.13所示。

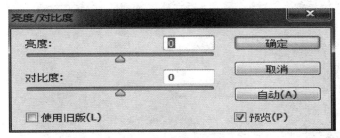

图 8.13

## 8.3 调整图像色彩

Photoshop还提供了多种用于调整图像色彩的命令，如"色彩平衡""色相/饱和度"和"替换颜色"等命令。用户可根据当前图像情况和希望得到的效果，选择合适的命令。

### 8.3.1 自动颜色

"自动颜色"可非常快捷地调整图片的颜色。该命令没有设立对话框，所以灵活度很低，有的图片很难调出满意的颜色。如果想深入学习Photoshop图像色彩调整，还是应该多练习"色阶""曲线"调整图像的方法。

### 8.3.2 调整"色相/饱和度"——让照片的色彩更鲜艳

利用"色相/饱和度"命令可改变图像的颜色、为黑白照片上色、调整单个颜色成分的"色相""饱和度"和"明度"。下面通过让照片变得色彩鲜艳的例子来学习该命令的用法。

**步骤1** 打开本书配套光盘"素材与实例"→"Ph8"→"4.jpg"文件，如图8.14所示。从图中可知，原本鲜艳的色彩拍摄出来却没有绚丽的感觉，下面用"色相/饱和度"命令对其进行适当的调整。

**步骤2** 选择"图像"→"调整"→"色相/饱和度"菜单，或者按Ctrl+U组合键，打开"色相/饱和度"对话框，如图8.15所示。

➢ **编辑：**在其下拉列表中可以选择要调整的颜色。其中，选择"全图"可一次性调整所有颜色。如果选择其他单色，则调整参数时，只对所选的颜色起作用。

➢ **色相：**即通常所说的颜色，在"色相"文本框中输入数值或移动滑块可调整色相。

➢ **饱和度：**也就是颜色的纯度。饱和度越高，颜色越纯，否则相反。

➢ **明度：**也就是图像的明暗度。

图 8. 14

图 8. 15

> **"着色"复选框**：若选中该复选框，可使灰色或彩色图像变为单一颜色的图像。

此时在"编辑"下拉列表中默认为"全图"。

**步骤3** 在"色相/饱和度"对话框中，将"饱和度"滑块向右侧拖动，值为 +45 时释放鼠标，如图 8.16 所示。这样适当提高图像的饱和度，照片中的花更艳了，叶子更绿了，效果如图 8.17 所示。调整满意后，单击"确定"按钮，关闭对话框。

图 8. 16

图 8.17

**步骤 4**　如果将"饱和度"滑块向左逐渐拖动，颜色会越来越淡，最终照片中的所有颜色都去掉了，照片将变成黑白色，如图 8.18 所示。

图 8.18

**提示**：提高图像的"饱和度"可以使图像变得更加鲜艳美丽，但是提高图像的"饱和度"也是有限度的，要根据图像的实际情况来调整，如果把"饱和度"调至最高，将破坏图像的色彩和谐，反而适得其反，如图 8.19 所示。

### 8.3.3　替换颜色——改变人物衣服的颜色

顾名思义，利用替换颜色命令可用其他颜色替换某些选定颜色。下面以改变衣服颜色为

图 8.19

例来了解该命令的用法。

**步骤 1**　打开本书配套光盘"素材与实例"→"Ph8"→"5. jpg"文件，使用套索工具将女孩的红色上衣圈选起来，以确定要调整的区域，如图 8.20 所示。

**步骤 2**　选择"图像"→"调整"→"替换颜色"菜单，打开"替换颜色"对话框，此时对话框中将显示以当前前景色为基准的选区，如图 8.21 所示。

**步骤 3**　使用对话框中的吸管工具，在选区中红色上衣处单击，设置要调整的基本色。然后将"颜色容差"调整到 200，选中全部红色，再将"色相"值调整到 -55，"饱和度"调整到 -55，单击"确定"按钮，上衣的颜色由红色变成了紫色，按 Ctrl + D 组合键取消选区，得到如图 8.22 所示效果。

### 8.3.4　可选颜色——改变树叶颜色

"可选颜色"命令用于校正色彩不平衡问题和调整颜色，它是高档扫描仪和分色程序使用的一项色彩调整功能，可有选择地修改

图 8.20

任何主要颜色中的印刷色数量，而不会影响其他主要颜色。下面通过一个实例来说明该命令的用法。

**步骤 1**　打开本书配套光盘"素材与实例"→"Ph8"→"6. jpg"文件，如图 8.23 所示，并确认在"通道"调板中选中了复合通道（选中该通道时，其他通道也同时被选中）。这里选用"可选颜色"命令让秋色更浓。

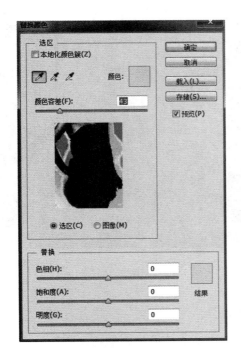

图 8.21

图 8.22

图 8.23

　　**步骤 2**　选择"图像"→"调整"→"可选颜色"菜单，打开"可选颜色"对话框，在"颜色"下拉列表中选择要调整的颜色为"黄色"，然后减少黄色中的青色成分，增加洋红成分，如图 8.24 所示，单击"确定"按钮，树叶由黄色变成了红色，如图 8.25 所示。

　　➢ **颜色**：在该下拉列表中可以选择所要调整的颜色。

　　➢ **方法**：若选中"相对"，表示按照总量的百分比更改现有的青色、洋红、黄色和黑色量；若选中"绝对"，表示按绝对值调整颜色。

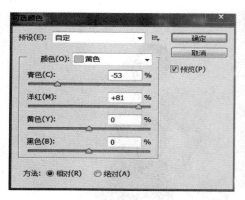

图 8.24 图 8.25

### 8.3.5 通道混合器

"通道混合器"命令主要用当前颜色通道的混合值来修改颜色通道。利用它可替换通道并且能控制替换的程度，还可使图像产生戏剧性的色彩变换、创建高品质的灰度图像等。下面通过一个实例来说明该命令的用法。

**步骤1** 打开本书配套光盘"素材与实例"→"Ph8"→"7. jpg"文件，如图 8.26 所示。

**步骤2** 选择"图像"→"调整"→"通道混合器"菜单，打开"通道混合器"对话框，在该对话框中设置"输出通道"为"绿"，然后分别设置"源通道"的值，设置完成后，单击"确定"按钮，关闭对话框，效果如图 8.27 所示。

图 8.26 图 8.27

➢ **输出通道：** 在其下拉列表中可以选择要调整的颜色通道。

➢ **源通道：** 拖动滑杆上的滑块或直接输入数值，可以调整源通道在输出通道中所占的百分比。

> **常数**：拖动调整杆可调整通道的不透明度。其中，负值使通道颜色偏向黑色，正值使通道颜色偏向白色。

> **"单色"复选框**：如果选中该复选框，表示对所有输出通道应用相同的设置，此时将会把图像转换为灰度图像。

### 8.3.6　渐变映射

利用"渐变映射"命令可选择渐变色类型对图像的色彩进行调整，以获得渐变效果的图像。

### 8.3.7　变化

"变化"命令用于可视地调整图像或选区的色彩平衡、对比度和饱和度，此命令对于不需要进行精确色彩调整的平均色调图像最有用。下面用该命令为一幅风景照片添加红色和黄色，其操作步骤如下。

**步骤1**　打开本书配套光盘"素材与实例"→"Ph8"→"8.jpg"文件。如果需要的话，还可首先选定要调整的区域。

**步骤2**　选择"图像"→"调整"→"变化"菜单，在打开的"变化"对话框中分别单击2次加深黄色缩览图、1次加深红色缩览图和1次较暗缩览图进行调整，如图8.28所示。

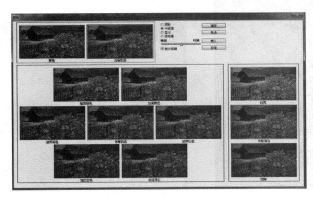

图 8.28

**步骤3**　设置完成后，单击"确定"按钮关闭对话框，效果如图8.29所示。

图 8.29

对话框左上角的两个缩览图为"原稿"和"当前挑选"，用于对比调整前后的图像效果。当第一次打开"变化"对话框时，这两个缩览图是一样的，进行调整时，"当前挑选"图像就会随着调整的进行发生变化。

➢ **"暗调""中间调""高光"**：选择其一作为调整的色调区，它们分别调整暗调区域、中间区域和亮度区域。

➢ **"饱和度"**：更改图像中颜色的饱和度。

### 8.3.8 照片滤镜

"照片滤镜"命令模仿以下方法：在相机镜头前面加彩色滤镜，以便调整通过镜头传输的光的色彩平衡和色温。照片滤镜命令还允许用户选择预设的颜色，以便对图像进行色相调整。如果希望应用指定颜色调整，则"照片滤镜"命令允许使用拾色器来指定颜色。

**步骤1** 打开本书配套光盘"素材与实例"→"Ph8"→"9.jpg"文件，如图8.30所示。

**步骤2** 选择"图像"→"调整"→"照片滤镜"菜单，打开"照片滤镜"对话框，在对话框中设置"滤镜"为黄色，并调整"浓度"为100%，如图8.31所示。

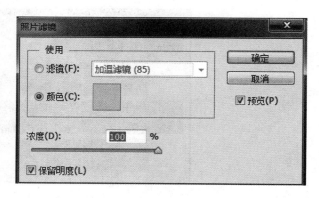

图8.30                              图8.31

**步骤3** 设置完毕，单击"确定"按钮，其效果如图8.32所示。

### 8.3.9 阴影/高光

"阴影/高光"命令适合校正由强逆光而形成剪影的照片，或者校正由于太接近相机闪光灯而有些发白的焦点。在用其他方式采光的图像中，这种调整也可用于使暗调区域变亮。

"阴影/高光"命令不是简单地使图像变亮或变暗，它基于暗调或高光中的周围像素（局部相邻像素）增亮或变暗，该命令允许分别控制暗调和高光。默认值设置为修复具有逆光问题的图像。

### 8.3.10　曝光度

"曝光度"命令为 Photoshop 新增功能，设计"曝光度"的目的是调整 HDR（一种接近现实世界视觉效果的高动态范围图像）图像的色调，但它也可用于 8 位和 16 位图像。"曝光度"是通过在线性颜色空间（灰度系数 1.0）而不是图像的当前颜色空间执行计算而得出的。

下面通过一个实例，具体说明该命令的应用，其步骤如下。

**步骤 1**　打开本书配套光盘"素材与实例"→"Ph8"→"10.jpg"文件，如图 8.33 所示。若需要的话，还可首先选择要调整的区域。

**步骤 2**　选择"图像"→"调整"→"曝光度"菜单，打开"曝光度"对话框，如图 8.34

图 8.32

所示。在对话框中设置"曝光度"为 -0.69，然后单击"确定"按钮，得到如图 8.35 所示效果。

图 8.33

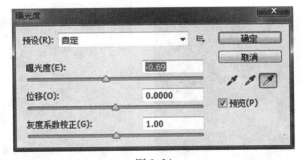

图 8.34

图 8.35

对话框中各参数意义如下：

➤ **曝光度**：调整色调范围的高光端，对阴影的影响很轻微。

➤ **位移**：使阴影和中间调变暗，对高光的影响很轻微。

➤ **灰度系数校正**：使用简单的乘方函数调整图像灰度系数。负值会被视为它们的相应正值（也就是说，这些值仍然保持为负，但仍然会被调整，就像它们是正值一样）。

➤ **吸管工具**：分别单击对话框中的"设置黑场""设置灰点"和"设置白场"按钮，然后在图像中最暗、最亮或中间亮度的位置单击鼠标，可以使图像整体变暗或变亮。

### 8.3.11 "匹配颜色"命令匹配颜色

"匹配颜色"命令用于匹配不同图像之间、多个图层之间或者多个颜色选区之间的颜色，使用该命令，还可通过更改亮度和色彩范围及中和色调来调整图像中的颜色。

"匹配颜色"命令将一个图像（源图像）的颜色与另一个图像（目标图像）相匹配。当用户尝试令不同照片中的颜色看上去一致，或者当一个图像中特定元素的颜色（如肤色）必须与另一个图像中某个元素的颜色相匹配时，该命令非常有用，其使用方法如下。

**步骤 1** 打开本书配套光盘中"素材与实例"→"Ph8"→"11. jpg"和"12. jpg"文件，如图 8.36 所示。将"12. jpg"作为源图像（参考图像），"11. jpg"作为目标图像（修改图像），并将目标图像设置当前图像。

 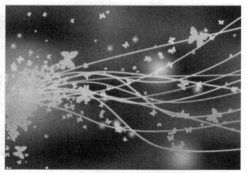

图 8.36

**步骤 2**　选择"图像"→"调整"→"匹配颜色"菜单，打开"匹配颜色"对话框，单击"源"右侧的按钮，在下拉列表中选择"12. jpg"，然后在"图像选项"设置区设置相关参数，如图 8.37 所示。单击"确定"按钮，关闭对话框，此时"11. jpg"的颜色与"12. jpg"相匹配，如图 8.38 所示。

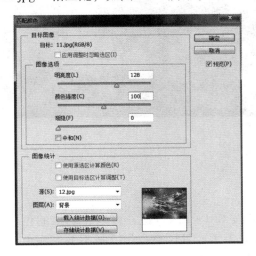

图 8.37

图 8.38

**提示：**如果需要的话，还可在源图像和目标图像中建立要匹配的选区。在将一个图像的特定区域（如肤色）与另一个图像中的特定区域相匹配时很有用。

当源图像包含多层时，可在"图像统计"设置区中的"图层"下拉列表中选取"合并的"命令；移动"亮度"滑块可增加或降低目标图像的亮度。

移动"颜色强度"滑块可调整目标图像的色彩饱和度；移动"渐隐"滑块可控制应用于图像的调整量；选择"中和"复选框可自动移去目标图像中的色痕。

# 8.4　特殊图像颜色的调整

现在再来看看系统提供的一组特殊用途的色彩调整命令，如反相、色调均化、阈值、色调分离和去色等。尽管这些命令也可更改图像中的颜色和亮度值，但它们通常用于增强颜色与产生特殊效果，而不用于校正颜色。

## 8.4.1　去色

选择"图像"→"调整"→"去色"命令或按 Ctrl + Shift + U 组合键，可去除图像中选定区域或整幅图像的彩色，从而将其转换为灰度图像，图 8.39（a）（b）所示为原图和去色后效果图对比。

**提示：**"去色"命令和将图像转换成"灰度"模式都能制作黑白图像，但"去色"命令不更改图像的颜色模式。

（a）　　　　　　　　　　　　　（b）

图 8.39

### 8.4.2　反相

选择"图像"→"调整"→"反相"命令或按 Ctrl + I 组合键，可以将图像的色彩进行反相，以源图像的补色显示，常用于制作胶片效果。而且该命令是唯一不丢失颜色信息的命令，也就是说，用户可再次执行该命令来恢复源图像。图 8.40 显示了图像反相的效果。

图 8.40

### 8.4.3　色调均化

选择"图像"→"调整"→"色调均化"命令，可均匀地调整整个图像的亮度色调。在使用此命令时，系统会将图像中最亮的像素转换为白色，将最暗的像素转换为黑色，其余的像素也相应地进行调整。

### 8.4.4　阈值

选择"图像"→"调整"→"阈值"命令，可将一个灰度或彩色图像转换为高对比度的黑白图像。此命令允许用户将某个色阶指定为阈值，所有比该阈值亮的像素会被转换为白色，所有比该阈值暗的像素会被转换为黑色。

### 8.4.5 色调分离

"色调分离"命令可调整图像中的色调亮度，减少并分离图像的色调。执行该命令时，系统将打开"色调分离"对话框，用户可通过设置色阶值决定图像变化的剧烈程度。其值越小，图像变化越剧烈；其值越大，图像变化越轻微。

### 8.4.6 上机实践——给黑白照片上色

本例将学习为黑白照片上色。在 Photoshop 中，"变化""色彩平衡""色相/饱和度""曲线""色阶"等很多命令都可以为黑白照片上色。

**制作分析：**

首先选取人物的皮肤部分，使用"色相/饱和度"命令为其上色，并借助"曲线"命令做适当调整；将嘴唇制作成选区并上色，用画笔工具设置合适的混合模式和不透明度为人物添加腮红。

**制作步骤：**

**步骤 1** 打开本书配套光盘"素材与实例"→"Ph8"→"14. jpg"文件，如图 8.41 所示，从该图像窗口的标题栏可以看到该图片目前的颜色模式为"灰色"，因此，要进行上色操作，应首先改变其颜色模式。选择"图像"→"模式"→"RGB 颜色"菜单，将该文件的颜色模式转换成 RGB 颜色。

**步骤 2** 双击工具箱中的"以快速蒙版模式编辑"按钮，打开"快速蒙版选项"对话框，选中"被蒙版区域"单选钮，单击"确定"按钮，进入快速蒙版编辑状态。选择画笔工具，设置一种合适大小的软边笔刷，在人物的眼睛、嘴唇、眉毛、头发及背景处涂抹（注意，在人物头发与皮肤接合处用透明度较低的笔刷涂抹），如图 8.42 所示。

图 8.41

图 8.42

**步骤 3** 按 Q 键返回标准编辑模式，人物的皮肤被制作成了选区，如图 8.43 所示。

**步骤 4** 按 Alt + Ctrl + D 组合键，打开"羽化选区"对话框，在对话框中设置"羽化半径"为 2 像素，如图 8.44 所示。单击"确定"按钮，关闭对话框。

**步骤 5** 为方便观察效果，按 Ctrl + H 组合键隐藏选区。按 Ctrl + U 组合键，在弹出的"色相/饱和度"对话框中先勾选"着色"复选框，然后设置"色相"值为 25，"饱和度"

值为 45，单击"确定"按钮关闭对话框，人物的皮肤被着色，如图 8.45 所示。

图 8.43                                  图 8.44

**步骤 6**   现在人物皮肤的颜色看起来不太真实，继续对其做调整。按 Ctrl + M 组合键，弹出"曲线"对话框，在"通道"下拉列表中选择"红"，然后将曲线调整至如图 8.46 所示形状，单击"确定"按钮关闭对话框。此时，可看到人物的皮肤变得红润起来了。最后取消选区，如图 8.47 所示。

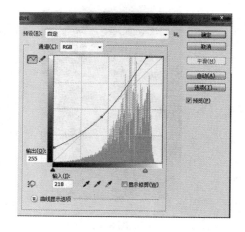

图 8.45                                  图 8.46

**步骤 7**   将人物的嘴唇制作成选区，然后按 Ctrl + U 组合键，在弹出的"色相/饱和度"对话框中先勾选"着色"复选框，然后设置"色相"值为 360，"饱和度"值为 55，设置完成后，单击"确定"按钮关闭对话框，人物的嘴唇被着色。最后取消选区，如图 8.48 所示。

图 8.47                                图 8.48

**步骤 8**    将人物的头发制作成选区，然后按 Ctrl＋U 组合键，打开"色相/饱和度"对话框，参照图 8.49 所示设置参数。设置完成后，单击"确定"按钮关闭对话框，人物的头发被着色，其效果如图 8.50 所示。最后取消选区。

图 8.49                                图 8.50

**步骤 9**    下面再来给人物添加腮红、美白牙齿。将前景色设置为红色（#fa7c8a），选择画笔工具，在工具属性栏中将笔刷设置为 60 像素的软边笔刷，"模式"设置为"柔光"，"不透明度"设置为 50%，如图 8.51 所示。

图 8.51

**步骤 10** 属性设置好后,用画笔在人物的脸颊轻轻擦拭,这样,上色操作基本完成,其效果如图 8.52 所示,这样整个照片看起来就更舒服了。

图 8.52

# 8.5 学习总结

图像的色调和色彩调整是平面设计中的一项重要工作,通过本章的学习,读者应了解各种色调、色彩平衡与特殊用途的色彩调整命令的特点与用法,学会使用这些命令来纠正过亮、过暗、过饱和或色偏的图像,以及能根据需要熟练地调整图像的明暗度、对比度或颜色。对于在实际工作中很常用的几个命令,如曲线、色阶、色相/饱和度、色彩平衡,应重点掌握。

# 第9章

## Photoshop 的灵魂——图层（上）

● **章前导读**

图层是 Photoshop 进行处理图像时的一个非常有用的工具，Photoshop 很多功能都是基于图层产生的，利用神奇的图层，可制作出丰富多彩、变幻莫测的作品。本章就对图层的基础知识进行介绍，具体包括图层的特点、各类图层的用途及编辑方法。

## 9.1　认识图层调板

在 Photoshop 中，系统对图层的管理主要依靠"图层"调板和"图层"菜单来完成，用户可借助它们创建、删除、重命名图层，调整图层顺序，创建图层组、图层蒙版，为图层添加效果等。图 9.1 显示了"图层"调板中各组成元素的意义。

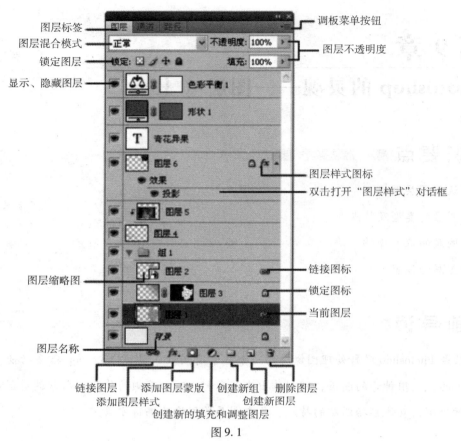

图层标签
图层混合模式
锁定图层
显示、隐藏图层

调板菜单按钮
图层不透明度

色彩平衡1
形状1
奇花异果
图层6
效果
投影

图层样式图标
双击打开"图层样式"对话框

图层5
图层4
组1
图层2
图层3
图层1
背景

链接图标
锁定图标
当前图层

图层缩略图

图层名称

链接图层
添加图层样式
添加图层蒙版
创建新的填充和调整图层
创建新组
创建新图层
删除图层

图 9.1

## 9.2 图层的类型及特点

在 Photoshop 中，用户可根据需要创建多种类型的图层，如普通图层、文字层、调整层等，本节将具体介绍这些图层的创建方法及特点。

### 9.2.1 背景层的特点

新建的图像通常只包含一个图层，即背景图。背景层具有的特点如下：

➢ 背景层永远在最下层。

➢ 在背景层上可用画笔、铅笔、图章、渐变、油漆桶等绘画和修饰工具进行绘画。

➢ 无法对背景层添加图层样式和图层蒙版。

➢ 背景层中不能包含透明区。

➢ 当用户清除背景图层中的选定区域时，该区域将以当前设置的背景色填充，而对于其他图层而言，被清除的区域将成为透明区。

**提示：**若用户要对背景层进行处理的话，应首先将其转换为普通图层。转换方法请参见 9.3.7 节。

### 9.2.2 普通层的特点与创建方法

要创建一个普通图层，用户可执行下述操作之一。

➢ 单击"图层"调板中的"创建新图层"按钮，此时将创建一个完全透明的空图层。

➢ 选择"图层"→"新建"→"图层"菜单或按 Ctrl + Shift + N 组合键，也可创建新层。此时系统将打开"新建图层"对话框，如图 9.2 所示。通过该对话框，可设置图层名称、基本颜色、不透明度和色彩混合模式。

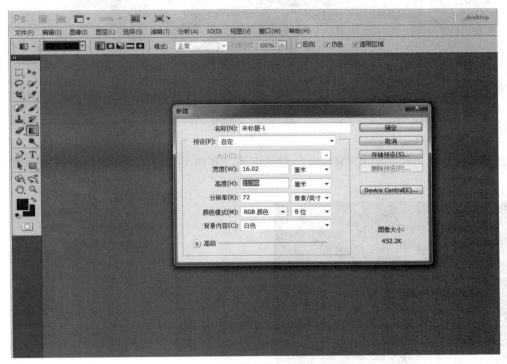

图 9.2

➢ 在剪贴板上拷贝一幅图片后，选择"编辑"→"粘贴"菜单可创建普通图层。

**提示：** 新建图层总位于当前层之上，并自动成为当前层，若双击图层名称，可为图层重命名。

### 9.2.3 调整层的特点与创建方法

调整层对于图层来说属于"非破坏性调整"，可将用"色阶""曲线"等命令制作的效果单独放在调整层中，而不真正改变原图像。使用调整层的好处在于其操作的灵活性和反复性。下面将通过一个例子来介绍调整层的特点与用法。

**步骤 1** 打开本书配套光盘"素材与实例"→"Ph9"→"1. psd"文件，该图像带有两个图层，如图 9.3 所示。

**步骤 2** 单击"图层"调板下方的"创建新的填充或调整图层"按钮，在弹出的菜单中选择"色相/饱和度"命令，如图 9.4 所示。

图 9.3

**步骤 3** 在弹出的"色相/饱和度"对话框中设置相关参数，对图像进行调整，如图 9.5 所示。

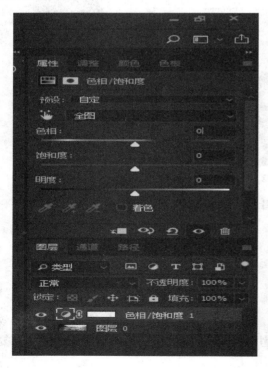

图 9.4

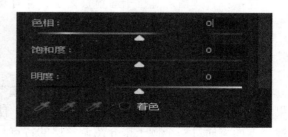

图 9.5

**步骤 4** 设置完成后，单击"确定"按钮关闭对话框。此时，图像效果和图层调板状态如图 9.6 所示。新建的调整层自动插入当前图层的上面，它也是一个带蒙版的图层，因此，也可通过其蒙版的特点和用法编辑，将在后面介绍。

图9.6

**步骤5**　若不想对人物所在的"图层1"进行"色相/饱和度"调节，可在"图层"调板中单击并按住"图层1"不放，将该层移动到调整层的上方，如图9.7所示。

图9.7

**提示**：如果对调整层的效果不满意，可双击调整层的缩览图，在打开的"设置"对话框中重新调整。

要撤销对所有图层的调整效果，可在"图层"调板中单击该调整层缩览图左侧的图标，关闭图层，或将调整层拖至调板底部的"删除图层"按钮上，将其删除。

### 9.2.4　填充层的特点与创建方法

填充层也是一种带蒙版的图层，其内容可为纯色、渐变色或图案。填充层主要有如下特点：可随时更换其内容，可将其转换为调整层，可通过编辑蒙版制作融合效果。下面通过一

- 173 -

个实例来具体说明其用法。

**步骤1** 打开本书配套光盘"素材与实例"→"Ph9"→"2.jpg"文件,如图9.8 所示。

图9.8

**步骤2** 单击"图层"调板下方的按钮,在弹出的下拉菜单中选择渐变,在"渐变填充"对话框中设置"渐变"为由红色到透明度渐变,"样式"为线性,"角度"为90,"缩放"为100%,并勾选"反向"复选框,如图9.9所示。

图9.9

**步骤3** 暂时保持"渐变填充"对话框的打开状态,然后将鼠标移至窗口,当鼠标变成 ▶ 状时,上下拖动可改变渐变色的填充位置,单击"确定"按钮关闭对话框,此时创建了一个渐变填充层,如图9.10所示。

图 9.10

**步骤 4**　打开本书配套光盘"素材与实例"→"Ph9"→"3. jpg"文件，将树叶制作成
选区，如图 9.11 所示，然后按 Ctrl + C 组合键将图像复制到剪贴板中。

图 9.11

**步骤 5**　将图像窗口切换到"1. jpg"中，按下 Alt 键的同时单击图层蒙版缩览图，打开
填充图层的蒙版，由于蒙版尚未做任何处理，其内容为空白（即白色），如图 9.12 所示。

对于填充图层来说，在使用时还应该注意以下几点：

➢ 如果用户希望改变填充图层的内容或将其转换为调整图层，可选择"图层"→"更
改图层内容"菜单中的相关命令。

➢ 如果用户希望编辑填充图层，可选择"图层"→"图层内容"选项菜单或双击"图
层"调板中的填充图层缩览图，此时将再次打开"渐变填充"对话框。

图 9.12

➤ 对于填充图层而言，用户只能更改其内容，而不能在其上进行绘画。因此，如果希望将填充层转换为带蒙版的普通图层（此时可在图层上绘画），可选择"图层"→"栅格化"→"填充内容"或"图层"菜单。

### 9.2.5 文字层的特点与创建方法

文字层的创建非常简单，用户只需选择横排文字工具或直排文字工具，并在图像窗口中单击即可输入文字（如果有需要，可先在工具属性栏中设置文字大小、颜色等属性），单击文字工具属性栏中的按钮可确认输入。文字层的缩览图是一个标志，如图 9.13 所示。

图 9.13

**提示：** 在 Photoshop 中，还可对文字设置一些字符、段落格式，创建变形文字等，在第 11 章将有详细介绍。

### 9.2.6　形状层的特点与创建方法

在 Photoshop 中，用户可使用路径和形状工具绘制路径、形状或填充区。其中绘制形状时，系统将自动创建一个形状图层，并且形状被保存在图层蒙版中。用户以后可根据需要随时编辑形状或改变形状图层的内容。下面将具体讲解形状层的特点与创建方法。

**步骤 1**　新建一个白色背景的文件，在工具箱中选择自定形状工具，在工具属性栏中按下"形状图层"按钮，然后单击"形状"右侧的下三角按钮，在弹出的下拉列表中选择"两点"，如图 9.14 所示。

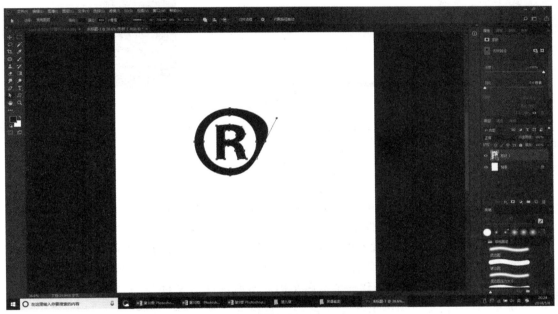

图 9.14

**提示：** 单击"样式"右侧的下三角按钮，可在打开的样式列表中选择一种样式效果，则所绘制形状效果也将应用这种样式。

**步骤 2**　属性设置好后，在图像窗口单击绘制图形，此时"图层"调板中新增了一个"形状 1"层，由于当前前景色为青色，因此，形状层的填充内容为青色，如图 9.15 所示。

**步骤 3**　在工具箱中选择直接选择工具，然后单击形状，此时将在形状边线上显示其形状控制点（又称锚点），通过移动形状的锚点即可改变形状。

使用形状层时，应注意如下几点。

➢ 与其他普通图层、调整图层不同的是，由于形状被保存蒙版中，因此，用户无法编辑形状层的蒙版内容，而只能利用形状编辑工具调整形状的外观。

➢ 选择"图层"→"更改图层内容"→"图案"或"渐变"菜单，可改变形状图层的填充内容（只能为纯色、渐变色或图案）。

图 9. 15

> 如果希望将形状层转换为普通层，可选择"图层"→"栅格化"→"形状"或"图层"菜单。

### 9.2.7 智能对象

智能对象实际上是一个指向其他 Photoshop 或 Illustrator 文件的指针，当更新源文件时，这种变化会自动反映到当前文件中。

例如，在 Photoshop 中，置入一个 Illustrator 文件时，起初是将贴入的内容转换成像素、路径等，现在可转换成智能对象，双击那个图层时，就可返回到 Illustrator 中修改它。

**步骤 1** 在 Photoshop 中新建一个空白文档，然后选择"文件"→"置入"菜单，置入 Illustrator 的 AI 格式文件（本书配套光盘→"素材与实例"→"Ph9"→"14. ai"），如图 9. 16 所示。

**步骤 2** 此时，智能对象被保存在"图层"列表中，其图层缩览图右下角带有一个智能标记，如图 9. 17 所示。

**步骤 3** 双击该图层，或者选择"图层"→"智能对象"→"编辑内容"菜单，系统自动弹出提示对话框，编辑完成后，选择"文件"→"存储"菜单就会提交更改，更改会直接反馈到 Photoshop 中的文件中。单击"确认"按钮即可转换到 Illustrator 中对矢量图形状进行编辑，更改完成后，图像会随之发生变化。

**提示：** 对于 Illustrator 图形来说，还可通过复制、粘贴方法在 Photoshop 中创建智能对象。此外，用户还可通过选择"图层"→"智能对象"→"编组到新建智能对象图层中"菜单，将一个或多个图层转换为智能对象。

图 9.16

图 9.17

# 9.3　图层的基本操作

图层编辑主要包括图层的删除、复制、移动、链接及合并等操作。此外，用户还可根据具体需要创建层剪辑组等。下面分别介绍。

## 9.3.1　调整图层的叠放次序

在前面的学习中，曾讲到过图层是自上而下依次排列的，即位于"图层"调板中最上面的图层在图像窗口中也位于最上层，因此，在编辑图像时，调整图层的叠放顺序便可获得不同的图像处理效果。要调整图层叠放次序，可执行如下操作。

**步骤 1**　打开本书配套光盘"素材与实例"→"Ph9"→"5. psd"文件，如图 9.18 所示。

**步骤 2**　首先选中"人物"图层，然后按住鼠标不放向上拖动，当到达"汽车"图层时，将出现一个矩形虚线框，松开鼠标即可调整图层的叠放次序。此时，"人物"图层位于"汽车"图层的上方，如图 9.19 所示。

此外，利用"图层"→"排列"菜单中的命令也可调整图层顺序，如图 9.20 所示。

## 9.3.2　删除与复制图层

要删除不需要的层，用户可执行如下操作之一：

➢ 在"图层"调板中选中要删除的图层后，单击调板下方的"删除图层"按钮。
➢ 在"图层"调板中选中要删除的图层后，直接将其拖至"删除图层"按钮上。
➢ 选择"图层"主菜单或"图层"调板快捷菜单中的"删除图层"菜单项。

图 9. 18

图 9. 19

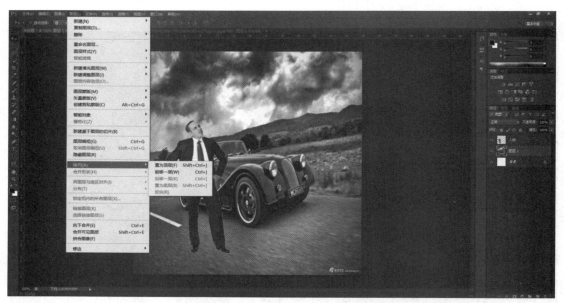

图 9.20

要复制图层，可执行如下操作之一：

➢ 在"图层"调板中选中要复制的图层，然后将光标拖至"创建新图层"按钮上。

➢ 选中要复制的图层后，选择"图层"主菜单或"图层"调板快捷菜单中的"复制图层"菜单项，也可复制图层，此时系统打开如图 9.21 所示对话框。

图 9.21

### 9.3.3 图层的隐藏与显示

当一幅图像有多个图层时，可通过隐藏一些图层以方便查看其他图层上的内容。隐藏图层的方法很简单，只需在要隐藏的图层左边单击眼睛图标即可关闭该层的显示，如图9.22所示。

图 9.22

**提示**：将图层隐藏后，再次单击该图层左边，即可重新显示被隐藏的图层。在"图层"调板中，按住 Alt 键并单击选定图层名称前面的图标，可以隐藏其他全部图层。

### 9.3.4 图层的链接与作用

在编辑图像时，用户可能经常需要对多个图层中的图像进行同时移动或变形等操作，此时便可使用系统提供的图层链接功能了。

要链接图层，首先要选中需要链接的图层，下面是操作方法。

➢ 按住 Ctrl 键，单击图层可以选择多个不连接的图层。此外，要注意的是，不要单击层缩览图，而要单击图层的名称，否则将会载入图层的选区，而不是选中该图层。

➢ 按住 Shift 键，单击首尾两个图层，可以选中多个连续的图层。

➢ 如果要选择所有图层，可选择"选择"→"所有图层"菜单，或者按 Ctrl + Alt + A 组合键。

选中多个图层后，单击调板底部的链接符号，此时便可把这些图层链接起来。

### 9.3.5 图层的合并

在编辑图像时，为了便于对多个图层进行统一处理，还可合并图层。要合并图层，可选择"图层"主菜单或"图层"调板快捷菜单中的适当菜单项，如图9.23所示。

➢ **向下合并**：表示可将当前层与下面的层合并。

➢ **合并可见图层**：合并图像中的所有可见层（即"图层"调板中带有图标的层）。

➢ **拼合图像**：合并所有层，并在合并过程中丢弃隐藏层。

图 9.23

### 9.3.6 链接图层的对齐和分布

用户在创建了两个或两个以上的链接层后，便可以以当前层为准重新对链接层进行对齐操作，具体方法是选择"图层"→"对齐"菜单中的各命令或单击移动工具属性栏中的对齐按钮，图 9.24 显示了垂直居中的对齐效果。

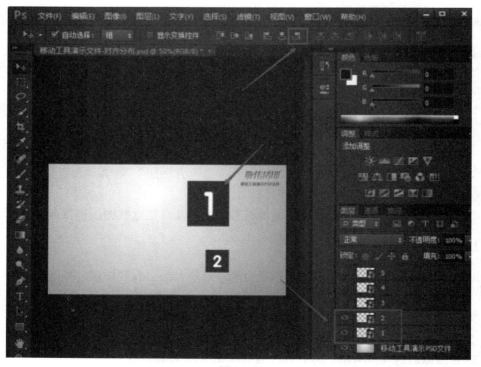

图 9.24

➢ 若在图像中定义了区域，则图层中的对齐命令将变为与选区对齐命令，它表示以选区为标准对齐当前层及其链接层。

➢ 以选区为标准排列图像时，用户还可以利用单行或单列选框工具选择一行或一列像素，然后对多个链接的图层进行水平或垂直对齐。

**提示：** 利用"图层"→"分布"菜单中的各命令或单击移动工具属性栏中的"分布"按钮，可以当前选中的图层所在区域为准，重新排列选中的图层，不过，用户须选中 3 个或 3 个以上图层，该命令或按钮才被激活。

### 9.3.7　背景层与普通层之间的转换

用户在进行图像处理时，通常都会发现"图层"调板中存在一个"背景"图层。"背景"图层具有一些不同于其他图层的特性，如无法为其设置效果、永远都在最下层、其中不能包含透明区等。因此，若要对背景层进行处理，应首先将其转换为普通图层，具体操作方法如下。

**步骤 1**　打开任意一张图片，在"图层"调板中双击"背景"层，在弹出的"新建图层"对话框中可设置图层名称、颜色模式及不透明度等参数。

**步骤 2**　用户也可直接单击"确定"按钮关闭对话框，这样背景图层就被转换成了普通层，如图 9.25 所示。

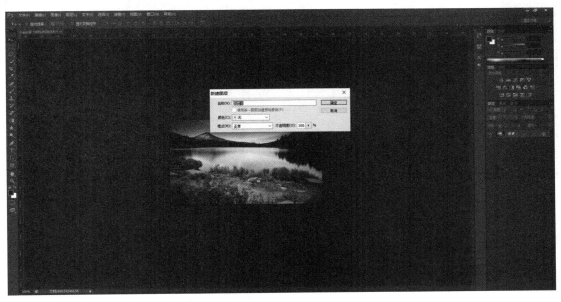

图 9.25

同样，如果图像中没有背景层，则可将任何图层设置为背景层。为此，首先选定某个层，然后选择"图层"→"新建"→"背景图层"菜单，此时该图层将被转换为背景层，并被自动放置于图层列表的最底部。

**提示：** 将普通层转换为背景层时，其透明区将以当前背景色填充，并且添加到该层上的各种效果都会被直接合并到图层中。

# 9.4　图层的设置

本节介绍图层的颜色混合模式、不透明度、锁定等设置技巧。

## 9.4.1　图层的颜色混合模式

在使用绘图和修饰工具时，用户可为其设置颜色混合模式，以得到一些特殊效果。对于图层来说，用户也可以为其设置颜色混合模式，来合成图像或制作特效。

为图层设置混合模式的方法很简单，只要选中要添加混合模式的图层，然后在"图层"调板的"混合模式"菜单中找到所要的效果即可。例如，图9.26中，正常模式下，"图层1"上的风景图像将"背景"图层的人物完全遮盖，但为其设置不同的混合模式后，将会得到当前层与下层图像的各种合成效果，如图9.27所示。

图9.26

**提示：** 图层的各种混合效果是由于图层之间使用不同的计算方式产生的，例如，将图层像素的色相、亮度、饱和度等属性进行相加、相减、置换等，就出现了不同的混合效果。

在更改图层混模合时，有一个小窍门：将光标放置在混合模式编辑框中，按Shift + =组合键（向前）和 Shift + −组合键（向后）可在各种图层混合模式之间切换。

下面分别介绍各种色彩混合模式的意义，以供读者参考。

**提示：** 在了解下面各种混合模式的意义之前，用户需要明白三个概念：基色、混合色和结果色。"基色"是图像中的原来颜色，也就是在设置图层混合模式时，两个图层中下面的那个图层；"混合色"是两个图层中上面的那个图层；"结果色"是两个图层混合后得到的颜色。

➤ **正常：** 这是 Photoshop 中默认的色彩混合模式，此时新绘制的图像将完全覆盖原来的图像，或选定图层完全覆盖下面的图层（透明区域除外）。

图 9.27

> **溶解**：在这种模式下，系统将混合颜色随机取代基色，以达到溶解的效果。

> **变暗**：查看每个通道的颜色信息，混合时比较混合颜色与基色，将其中较暗的颜色作为结果颜色。也就是说，比混合色亮的像素被取代，而比混合色暗的像素不变。

> **正片叠底**：将基色与混合复合，结果颜色通常比原色深。任何颜色与黑色复合产生黑色，任何颜色与白色复合保持不变。当用黑色或白色以外的颜色绘画时，与源图像相叠的部分将产生逐渐变暗的颜色。

> **颜色加深**：查看每个通道的颜色信息，通过增加对比度使基色变暗。其中，与白色混合时不改变基色。

> **线性加深**：通过降低亮度使基色变暗。其中，与白色混合时不改变基色。

> **变亮**：混合时比较混合颜色与基色，将其中较亮的颜色作为结果颜色。比混合色暗的像素被取代，而比混合色亮的像素不变。

> **滤色**：选择此模式时，系统将混合色与基色相乘，再转为互补色。利用这种模式得到的结果颜色通常为亮色。

> **颜色减淡**：通过降低对比度来加亮基色。其中，与黑色混合时色彩不变。

> **线性减淡**：通过增加亮度来加亮基色。其中，与黑色混合时色彩不变。

> **叠加**：将混合色与基色叠加，并保持基色的亮度。此时基色不会被代替，但会与混合色混合，以反映原色的明暗度。

> **柔光**：根据混合色使图像变亮或变暗。其中，当混合色灰度大于50%时，图像变亮；反之，当混合色灰度小于50%时，图像变暗。用纯黑色或纯白色绘画产生纯黑色或纯白色。

> **亮光**：通过增加或减小对比度来加深或减淡颜色，具体效果取决于混合色。如果混合色比50%灰色亮，则通过减小对比度使图像变亮；如果混合色比50%灰色暗，则通过增加对比度使图像变暗。

➢ **线性光**：通过减小或增加亮度来加深或减淡颜色，具体效果取决于混合色。如果混合色比 50% 灰色亮，则通过增加亮度使图像变亮；如果混合色比 50% 灰色暗，则通过减小亮度使图像变暗。

➢ **点光**：替换颜色，具体效果取决于混合色。如果混合色比 50% 灰色亮，则替换比混合色暗的像素，而不改变比混合色亮的像素；如果混合色比 50% 灰色暗，则替换比混合色亮的像素，而不改变比混合色暗的像素。

➢ **实色混合**：图像混合后，图像的颜色被分离成红、黄、绿、蓝等 8 种极端颜色，其效果类似于应用"色调分离"命令。

➢ **差值**：以绘图颜色和基色中较亮颜色的亮度减去较暗颜色的亮度。因此，当混合色为白色时使基色反相，而混合色为黑色时原图不变。

➢ **排除**：与差值类似，但更柔和。

➢ **色相**：用基色的亮度、饱和度及混合色的色相创建结果色。

➢ **饱和度**：用基色的亮度、色相及混合色的饱和度创建结果色。在无饱和度（灰色）的区域上用此模式绘画不会产生变化。

➢ **颜色**：用基色的亮度及混合色的色相、饱和度创建结果色。这样可以保留图像中的灰阶，并且对于给单色图像上色和给彩色图像着色都会非常有用。

➢ **亮度**：用基色的色相、饱和度及混合色的亮度创建结果色。此模式创建与"颜色"模式相反的效果。

### 9.4.2　图层的不透明度

通过修改图层的不透明度，也可改变图像的显示效果。在 Photoshop 中，用户可改变图层的两种不透明度设置：一是图层整体的不透明度；二是图层内容的不透明度，即填充不透明度（此时的不透明度设置仅影响图层的基本内容，而不影响图层的效果），其区别如图 9.28 所示。

图 9.28

**提示：** 在"图层"调板单击选中图层，直接用数字键输入数字就可快速设置图层的不透明度。当图层的"不透明度"为 0 时，表示图层完全透明；当图层的"不透明度"为 100% 时，表示图层完全不透明。

### 9.4.3　图层的锁定

在使用 Photoshop 编辑图像时，为了避免某些图层上的图像受到影响，可将其暂时锁定。要锁定图层，可先选中该层，然后单击"图层"调板中"锁定"其后的四种锁定方式按钮。

➢ **锁定层的透明区：** 若按下该按钮，表示禁止在透明区绘图。

➢ **锁定层编辑：** 若按下该按钮，表示禁止编辑该层。

➢ **锁定层移动：** 若按下该按钮，表示禁止移动该层，但可以编辑图层内容。

➢ **锁定层：** 若按下该按钮，表示禁止对该层的一切操作。

**提示：** 如果要取消对某一图层的锁定，可选中该层后，在"图层"调板中单击锁定按钮即可。

### 9.4.4　上机实践——让老人的脸变得更加沧桑

在摄影时，经常用光滑、细腻而富有弹性的皮肤来体现年轻人的美丽；用深刻的皱纹、花白的头发来体现老年人的沧桑。除了在摄像机下能做到这些，在照片后期处理时，也能准确地实现这种艺术摄影的表现手法。在本例中，将通过设置图层混合模式和不透明度等知识点来让老人的脸看上去更加沧桑，如图 9.29 所示。

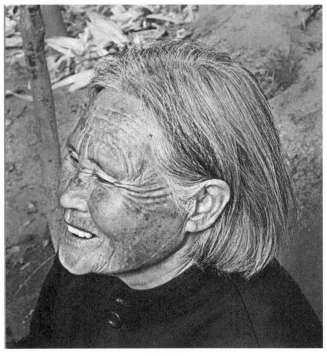

图 9.29

**制作分析：**

首先复制图层、去色、更改图层混合模式，然后应用"高反差保留"滤镜、添加图层蒙版，最后再3次复制图层并调整图层的不透明度，并添加图层蒙版完成制作。

**制作步骤：**

**步骤1** 打开本书配套光盘素材"素材与实例"→"Ph9"→"7. jpg"文件，如图9.30所示，打开一张老人的图片。下面用Photoshop来为该照片做后期处理，让老人脸部的皱纹更明显，皮肤质感更细致，从而充分体现老人一生的沧桑。

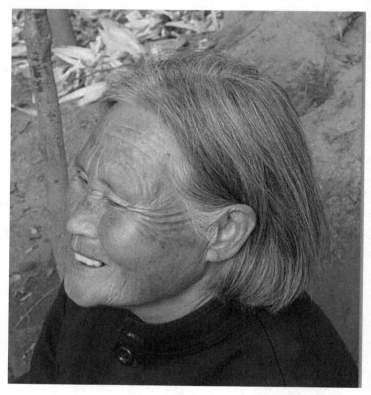

图9.30

**步骤2** 复制背景副本，按下Ctrl + Shift + U键给图像去色，然后将混合模式设置为叠加。这时候图像经过叠加处理，反差变得更加大，黑色和白色之间形成最鲜明的对比。选中背景副本，选择"滤镜"→"其他"，高反差保留，设置半径为5.2像素，发现灰度图像中的反差边缘更加明显了，图片中微小的部分变得更加清晰了，如图9.31所示。

**步骤3** 选择添加图层蒙版，设置前景色为黑色，选择画笔工具，在人物周围的背景帽子和衣服上进行涂抹，即用黑色遮盖住不需要清晰的周围的背景，只让脸部的皱纹更加清晰，如图9.32所示。

**步骤4** 再次复制一个背景的副本，人物脸部皱纹将会显示得更多，并且更加明显了，通过隐藏其中的2个背景副本来观察背景图层中的人物的图片，如图9.33所示。

**步骤5** 将两个背景副本都再次显示出来，发现老人脸部的皱纹会更多，也显得更有沧桑感了，如图9.34所示。

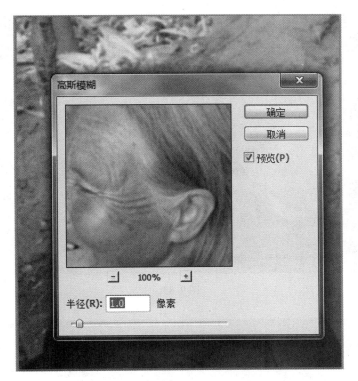

图 9. 31

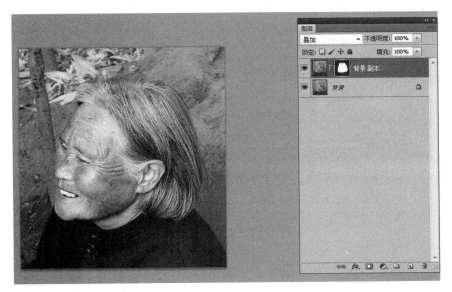

图 9. 32

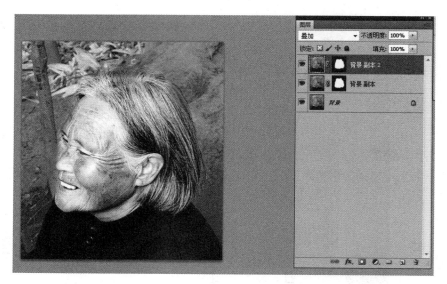

图 9.33

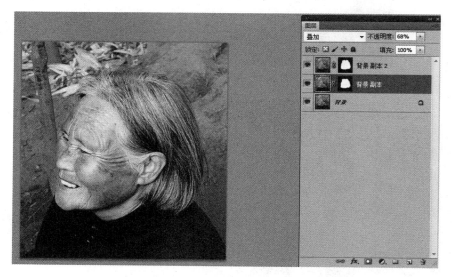

图 9.34

## 9.5  学习总结

　　本章主要介绍了"图层"调板的组成元素、图层的类型、图层的创建及编辑方法、图层的基本操作，以及设置图层混合模式和不透明度的方法等知识。图层是 Photoshop 最重要的一个功能，学习完本章内容，用户应该对相关知识有一定的领会，并且能够通过本章介绍的实例，举一反三，制作出自己的作品。

　　从实用性来讲，设置图层混合模式是很常用的操作，但其原理较难理解，对于初学者来说，会觉得难以捉摸，所以应多动脑、多尝试。

# 第 10 章

## Photoshop 的灵魂——图层（下）

### ● 知识要点

- 典型的图层样式
- 图层样式操作进阶
- 图层蒙版的建立与使用
- 剪辑组的创建与应用

### ● 章前导读

利用图层样式，可快速制作一些特殊效果，如投影、浮雕、发光等，利用图层蒙版，可制作融合与半透明效果；利用组合图层可以方便地对一组图层进行统一管理，如设置图层混合模式、不透明度及锁定设置等。本章便来学习这些功能的使用方法。

## 10.1　典型的图层样式

利用 Photoshop 丰富的图层样式功能，可轻松、快捷地制作出很多特殊效果。单击"图层"调板中的"添加图层样式"按钮，从弹出的菜单中选择相应命令，便可以为图层设置各种样式，如投影、发光、浮雕等，本节就对其中的一些常用样式进行介绍。

### 10.1.1　投影样式与内阴影样式

为图像制作投影或阴影样式是进行图像处理时经常使用的手法，通过制作投影或阴影，可使图像产生立体或透视效果，下面通过一个实例进行说明。

**步骤 1**　打开本书配套光盘"素材与实例"→"Ph10"→"1. psd"文件，如图 10.1 所示。下面为文字图层添加投影样式。

**步骤 2**　确保文字图层为当前选定图层，单击"图层"调板底部的"添加图层样式"按钮，在弹出的菜单中选择投影，如图 10.2 所示，此时系统将打开"图层样式"对话框。

**步骤 3**　在"图层样式"对话框中设置"角度"为 150，"距离"为 5 像素，"大小"为5 像素，单击"品质"设置区中"等高线"右侧的按钮，在弹出的下拉列表中选择"锥形"，效果如图 10.3 所示。

➢ **混合模式：** 在其下拉列表中可以选择所加阴影与原图图像合成的模式。若单击其右侧的色块，可在弹出的"拾成器"对话框中设置阴影的颜色。

图 10. 1

图 10. 2

图 10. 3

- **不透明度**：用于设置投影的不透明度。
- **使用全局光**：若选中该复选框，表示同一图像中的所有层使用相同的光照角度。
- **距离**：用于设置投影的偏移程度。
- **扩展**：用于设置阴影的扩散程度。
- **大小**：用于设置阴影的模糊程度。
- **等高线**：在右侧的下拉列表中可以选择阴影的轮廓。
- **杂色**：用于设置是否使用杂点对阴影进行填充。
- **图层挖空投影**：选中该复选框可设置层的外部投影效果。

**步骤4**　"投影"参数设置好后，在"图层样式"对话框的左侧样式列表中，单击"内阴影"，然后在右侧参数设置区设置相关参数，如图10.4所示。

图 10.4

**步骤5**　设置完成后，单击"确定"按钮关闭对话框，文字被添加了投影样式，在文字层的右侧多了一个符号 fx，如图10.5所示，其中符号 fx 表明已对该层执行了样式处理，用户以后要修改样式时，只需双击符号即可，而单击符号可打开或关闭显示该图层样式的下拉列表。

### 10.1.2　斜面和浮雕样式

斜面和浮雕样式可以说是 Photoshop 图层样式中最复杂的，其中包括内斜面、外斜面、浮雕效果、枕形浮雕和描边浮雕，虽然每一项中包含的设置选项都是一样的，但是制作出来的效果却大相径庭。"斜面和浮雕"样式的对话框如图10.6所示。

"斜面和浮雕"选项卡的部分设置项的意义如下。

- **样式**：在其下拉列表中可选择浮雕的样式，其中有"外斜面""内斜面""浮雕效果""枕状浮雕"和"描边浮雕"选项。
- **方法**：在其下拉列表中可选择浮雕的平滑特性，其中有"平滑""雕刻清晰"和"雕刻柔和"选项。

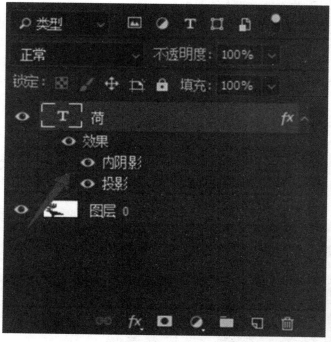

图 10.5

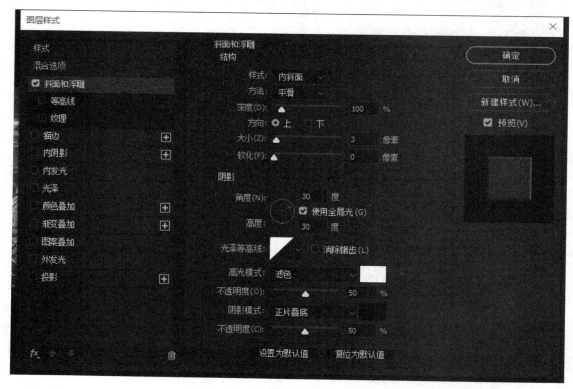

图 10.6

> **深度：**用于设置斜面和浮雕效果深浅的程度。
> **方向：**用于切换亮部和暗部的方向。
> **软化：**用于设置效果的柔和度。
> **光泽等高线：**用于选择光线的轮廓。
> **高光模式：**用于设置高亮部分的模式。
> **阴影模式：**用于设置暗部的模式。

图 10.7 显示了对文字层应用内斜面、外斜面和浮雕样式后的效果。

　　　　　　　　　　　　　　　　　　　　　　为文字添加浮雕后效果

图 10.7

　　此外，选中"斜面和浮雕"下的"等高线"复选框，可设置等高线效果。选中"纹理"复选框，可设置"纹理"效果，如图 10.8 所示。

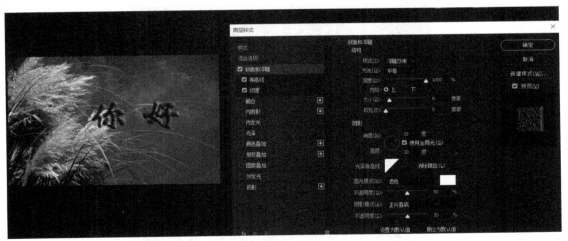

图 10.8

### 10.1.3　发光样式与光泽样式

　　从图层样式列表中选择"外发光""内发光"或"光泽"选项，用户还可以为图像增加外发光、内发光或类似光泽的效果，如图 10.9 所示。

　　**提示：**在 Photoshop 中，可以给一个图层添加多种样式，但"背景"层除外。

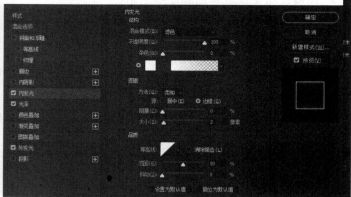

图10.9

### 10.1.4 叠加样式与描边样式

所谓叠加和描边样式，实际上就是向图层中填充颜色、渐变色或图案等内容，或为图层内容增加一个边缘。由于此时并未真正改变图层内容并可随时关闭或打开效果，因此，它要比实际的填充和描边操作方便。

### 10.1.5 上机实践——Photoshop 图层样式实例（玉镯）

这一节中，将利用 Photoshop 的图层样式制作玉镯效果，然后再合成如图 10.10 所示的玉镯。下面就一起来感受图层样式的魅力所在吧！

图10.10

**制作分析：**

首先用画笔工具绘制一个圆，然后为其添加图层样式制作出玉镯效果，并为其设置相应的样式，最后添加图片并输入文字完成制作。

**制作步骤：**

**步骤1**　打开本书配套光盘"素材与实例"→"Ph10"→"4. jpg"文件，如图10.11所示。

图10.11

**步骤2**　画圆环，选择自定义形状——圆环，也可以自己画，更改颜色，如图10.12所示。

图10.12

**步骤3**　在"图层"调板中双击"图层1"，打开"图层样式"对话框，设置"斜面和浮雕"，如图10.13所示。

**步骤4**　投影参数设置好后，单击左侧列表中的"内阴影"项，设置如图10.14所示。

**步骤5**　最重要的步骤是添加"内发光"效果。设置值如图10.15所示。

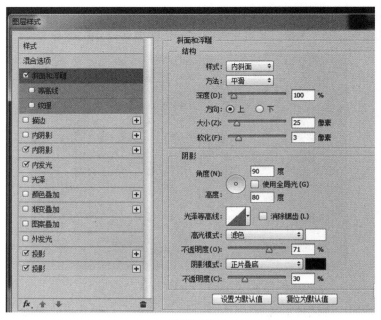

图 10. 13

图 10. 14

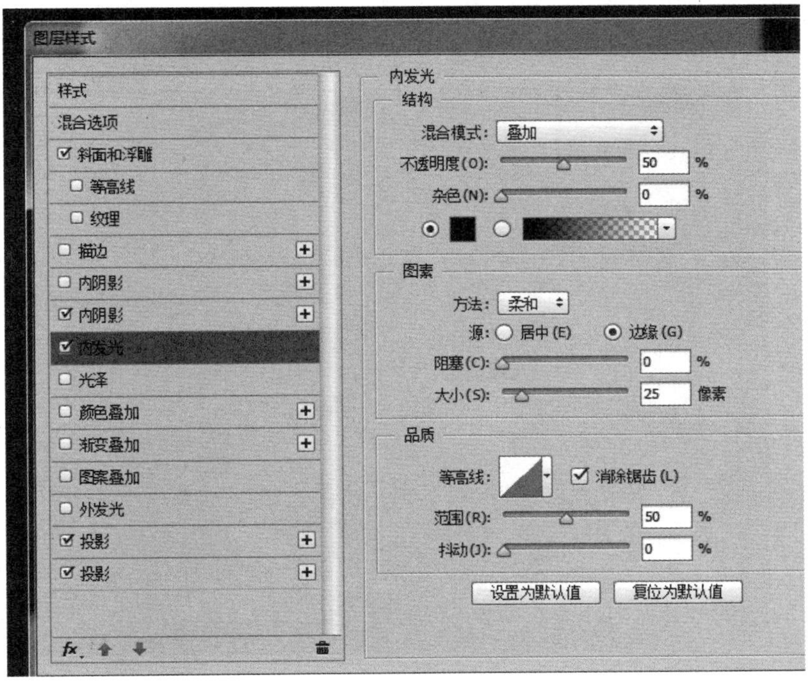

图 10.15

**步骤6**　再单击"投影"设置区，如图10.16所示。设置完毕，单击"确定"按钮，返回"图层样式"对话框。

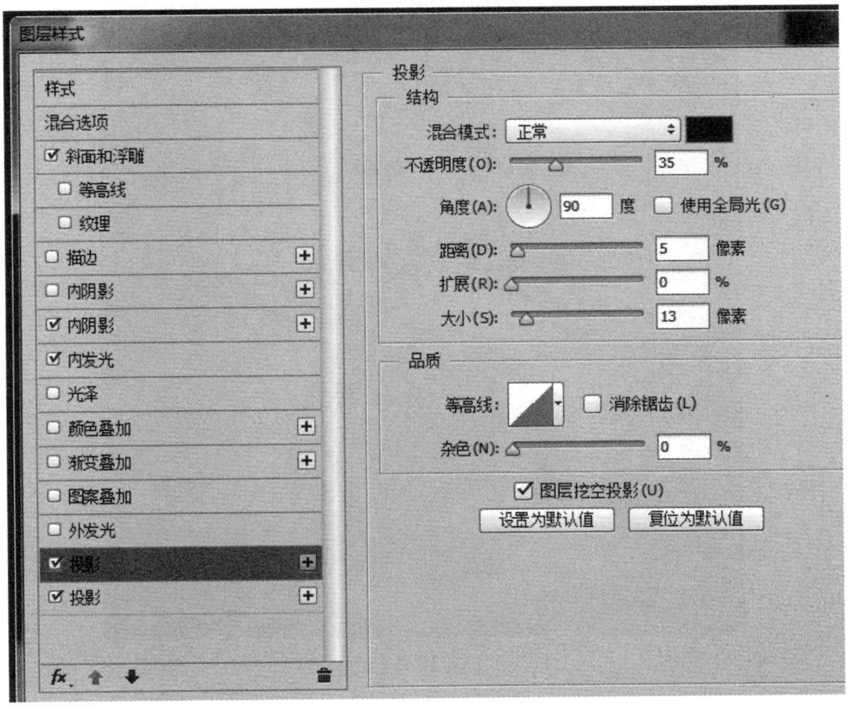

图 10.16

**步骤7**　将前景色和背景色设置成黑白效果，执行"滤镜"→"渲染"→"云彩"，设置效果如图10.17所示。

图10.17

**步骤8**　将图层模式改为"叠加"，按Alt键，建立剪切蒙版，如图10.18所示。

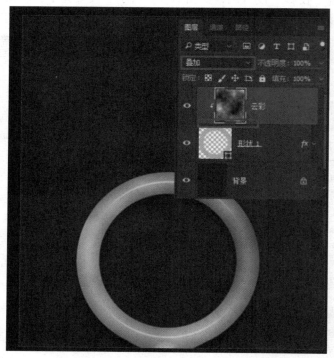

图10.18

**步骤9**　一层效果不够，可以多复制一层，模式都为叠加，并将两个云彩图层锁定，防止不小心错位，最后将云彩移动到合适的位置，如图 10.19 所示。

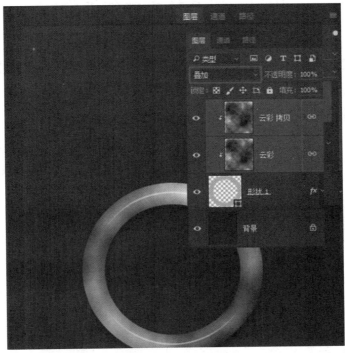

图 10.19

**步骤 10** 继续使用横排文字工具，并更改文字属性，然后输入"玉镯"字样，如图 10.20 所示。至此，本例就制作完成了。

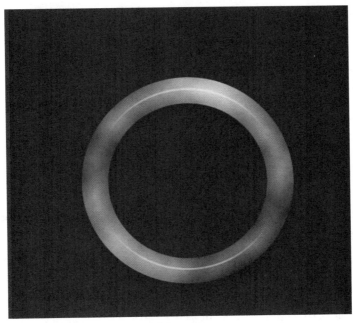

图 10.20

# 10.2 图层样式操作进阶

在上一节中介绍了 Photoshop 图层样式的种类，以及添加方法。下面再来介绍一下 Photoshop 提供的"样式"调板，使用它可快速应用系统内置的图层样式。另外，还可以对应用的样式进行开关、清除、复制与保存等操作。

## 10.2.1 利用"样式"调板快速设置图层样式

Photoshop 的"样式"调板列出了一组内置样式，利用该调板，用户可以非常方便地为图层设置各种特殊效果。选择"窗口"→"样式"菜单，可显示（或隐藏）"样式"调板。要应用某种样式，只需在选中图层后单击所需样式即可，如图 10.21 所示。

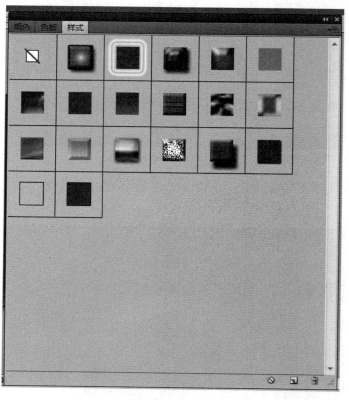

图 10.21

若单击"样式"调板右上角的按钮，在弹出的"样式"调板控制菜单中可进行复位、加载、保存或替换样式等操作，如图 10.22 所示。

## 10.2.2 图层样式的开关与清除

对图层添加了样式之后，用户还可对其进行开、关和清除等操作。

➢ 在"图层"调板中，单击样式效果列表左侧的眼睛图标可将图层样式隐藏，如图 10.23 所示。再次单击，图层样式会显示出来。

> 将不需要的样式拖曳到"图层"调板底部的"删除图层"按钮上，即可将样式删除，如图 10.24 所示。

图 10.22

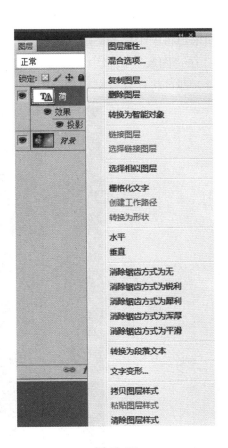

图 10.23　　　　　　　　　　　　　　图 10.24

### 10.2.3　图层样式的保存与复制

制作好样式之后，可以将样式保存在"样式"调板中以备后用。保存样式的方法很简单，只需将光标移至"样式"调板的空白处，当光标变成油漆桶形状时单击，在打开的"新建样式"对话框中输入样式名称并选择设置项目，单击"确定"按钮，即可将当前图层的样式保存在"样式"调板中，如图 10.25 所示。

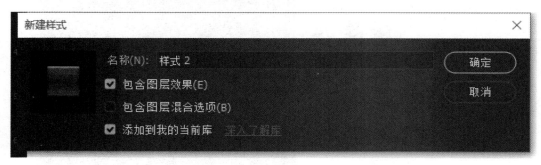

图 10.25

**提示：** 用如上方法保存的样式，重装 Photoshop 后将会消失。若想长久保存样式，可以在"样式"控制菜单中选择存储样式，将其保存成文件。

如果想将一个层的图层样式应用到其他图层，可以执行如下操作：

➤ 在"图层"调板中，按住 Alt 键，当光标呈 形状时，向目标图层拖动鼠标，松开鼠标后，即可将样式复制到目标图层，如图 10.26 所示。

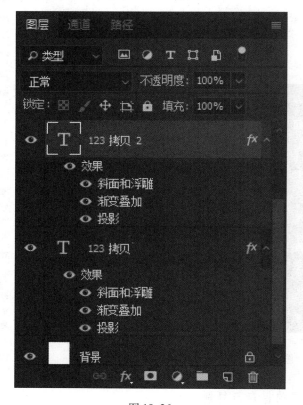

图 10.26

➢ 在源图层上右键单击图标，在弹出的菜单中选择"拷贝图层样式"，然后在目标图层上右击鼠标，在弹出的菜单中选择"粘贴图层样式"即可复制样式。

# 10.3 图层蒙版的建立与使用

"图层蒙版"是 Photoshop 的一项方便实用的功能，它是建立在当前图层上的一个遮罩，用于遮盖当前图层和其下图层中不需要的图像，从而控制图像的显示范围，以制作图像融合效果。

### 10.3.1 创建图层蒙版

在 Photoshop 中，图层蒙版被分成了两类：一类为普通的图层蒙版，一类为矢量蒙版。下面分别介绍。

#### 1. 创建普通的图层蒙版

图层蒙版实际上是一幅 256 色的灰度图像，其白色区域为完全透明区，黑色区域为完全不透明区，其他灰色区域为半透明区。要创建图层蒙版，可使用如下几种方法。

➢ 如果当前图层为普通图层（不是背景层），可直接在"图层"调板中单击"添加图层蒙版"按钮，此时系统将为当前图层创建一个空白蒙版，如图 10.27 所示。

图 10.27

➢ 利用"图层"→"添加图层蒙版"菜单中的各菜单项也可制作图层蒙版，如图 10.28 所示。

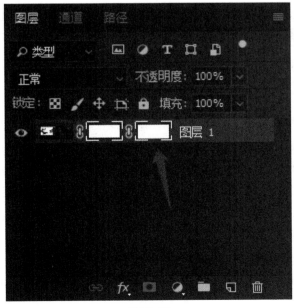

图 10.28

➢ 选择"编辑"→"贴入"菜单，也可创建图层蒙版（"贴入"命令的使用在 5.1.3 节有详细介绍）。

2. 创建矢量蒙版

对于矢量蒙版而言，其内容为一个矢量图形。创建带矢量蒙版的形状图层，具体操作方法如下。

**提示**："显示选区"和"隐藏选区"命令只有当前有选区的情况下才可以使用。

通过绘制形状，创建带矢量蒙版的形状图层。具体操作方法如下：

**步骤 1**   打开本书配套光盘"素材与实例"→"Ph10"→"7. jpg"文件，在工具箱中选择自定形状工具，在属性栏中按下"形状图层"按钮，在形状下拉面板中选择"心形"形状，再单击"添加到形状区域"按钮，并设置颜色为红色（#f93636），如图 10. 29 所示。

图 10. 29

**步骤 2**   在图像编辑窗口中的适当位置处单击绘制形状（对形状也可以自由变形），创建带矢量蒙版的形状图层，如图 10. 30 所示。

**提示**：在 Photoshop 中，图层中可同时包含普通图层蒙版与矢量蒙版，如图 10. 31 所示。通过在"图层"调板中单击不同的蒙版缩览图，可分别对其进行编辑。

## 10.3.2   编辑图层蒙版

当用户为某个图层创建蒙版后，该图层实际上就生成了两幅图像：一幅是该图层的原图，另一幅就是蒙版图像。可以像编辑其他图像那样编辑图层蒙版。例如，使用画笔工具在蒙版上涂抹或用渐变工具添加渐变色，以达到图像的融合效果。处理后的效果在蒙版缩览图中可以显示出来。

1. 编辑普通的图层蒙版

如果要对图层蒙版进行编辑，用户可执行如下操作。

**步骤 1**   打开本书配套光盘"素材与实例"→"Ph10"→"9. psd"文件，如图 10. 32 所示。

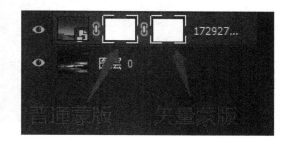

图 10.30　　　　　　　　　　　　　　　　　　图 10.31

图 10.32

**步骤 2**　所给的素材文件中已经为"图层 1"创建了一个空白蒙版，单击"图层 1"的蒙版缩览图，即可在蒙版中进行绘画编辑，如图 10.33 所示。

图 10.33

**提示：** 若希望将一幅图像复制到蒙版中，则必须在"图层"调板中按下 Alt 键的同时单击蒙版缩览图，此时图像窗口将单独显示蒙版图案；要重新回到正常图像显示状态，可按 Alt 键的同时，再次单击蒙版缩览图即可。

**步骤3**　选择渐变工具，设置黑色到透明黑色的渐变，然后在人物的四周向内部拖动鼠标，绘制线性渐变，此时人物与背景渐渐融合。用户需要注意的是，此时是在"图层 1"蒙版上绘制的渐变色，如图 10.34 所示。

图 10.34

**提示：** 图层蒙版中填充黑色的地方是该层图像完全被遮罩的部分；填充白色的地方是图像完全显示的部分；而从黑色到白色过渡的灰色部分，图像以半透明显示。另外，除了可以使用渐变工具编辑蒙版外，还可以使用画笔、橡皮擦等绘图工具编辑、修改蒙版。

**2. 编辑矢量图层蒙版**

与普通的图层蒙版相比，由于矢量蒙版保存的是矢量图形，因此，它只能控制图像透明与不透明，而不能制作半透明效果，并且用户无法使用"渐变""画笔"等工具编辑矢量蒙版。当然，矢量蒙版的优点是用户可以随时通过编辑图形来改变矢量蒙版的形状，如图 10.35 所示。

**提示：** 改变矢量蒙版的形状主要使用直接选择工具、钢笔工具等路径编辑工具，有关路径的知识将在第 13 章中详细介绍。

**3. 断开或建立图层原图与蒙版之间的链接**

默认情况下，当建立了图层蒙版之后，在图层缩览图和蒙版缩览图之间会看到一个链接符号，如图 10.36 所示。其表示用户在移动该层的图像或对其进行变形时，蒙版将随之执行相应的变化。

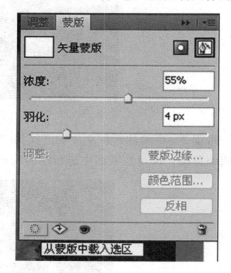

图 10.35

### 10.3.3　删除、应用和停用蒙版

用户在对某一图层创建蒙版后，通过右击图
层蒙版缩览图，在弹出的菜单中选择相应命令，
可以删除、应用或停用蒙版。

图 10.36

➤ **停用图层蒙版**：若选择该命令（此后该命令将变为启用图层蒙版），在图层蒙版上会
出现一个红色的"×"号，表示蒙版被禁用，如图 10.37 所示。要重新打开蒙版，可选择
"图层"→"启用图层蒙版"菜单。

➤ **删除图层蒙版**：若选择该命令，可将当前图层的蒙版删除。

➤ **应用图层蒙版**：若选择该命令，可将当前图层的蒙版的效果应用到该层图像。

### 10.3.4　将蒙版转换为选区

要将蒙版转换为选区，可右键单击蒙版缩览图，并从弹出的快捷菜单中选择相应的
命令。

### 10.3.5　上机实践——电视平面广告设计

拍摄照片时，常常会遇到拍摄的照片主题处于黑暗的阴影里，照片影调比较平淡，没有
层次感。对于 Photoshop 来说，要处理这类照片真的是易如反掌。下面利用本章所学知识，
将照片恢复到正常状态，如图 10.38 所示。

图 10.37

图 10.38

**制作分析：**

首先将背景层复制，然后分别对背景层和复制的图层进行曲线调整，最后通过添加图层蒙版将两个图层的图像合成，从而将照片修复。

**制作步骤：**

**步骤1** 打开本书配套光盘"素材与实例"→"Ph10"→"10.jpg"文件，如图10.39所示。

图10.39

**步骤2** 如果按照常规的操作，选择"图像"→"调整"→"曲线"命令，用曲线提高图像的亮度，将会使背景过亮，如图10.40所示。对于这样的照片，可以分别对人物和背景的亮度做不同的调整，然后用图层蒙版合成，单击"取消"按钮关闭对话框。

图10.40

**步骤3** 将"背景"层拖至"图层"调板底部的"创建新图层"按钮上，复制出"背景 副本"图层，并将"背景 副本"层隐藏，"背景"层设置为当前层，如图10.41所示。

图 10.41

**步骤4**　按住 Ctrl + M 组合键，打开"曲线"对话框，然后在对话框中调整曲线的形状，将背景图像的影调调整到满意，单击"确定"按钮关闭对话框。此时前景变亮了，而不必考虑背景影调的变化，如图 10.42 所示。

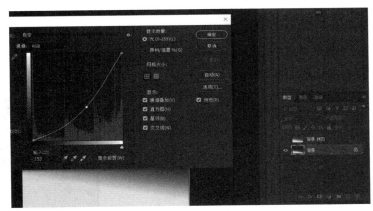

图 10.42

**步骤5**　将"背景 副本"图层指定为当前图层，恢复该层的显示，按 Ctrl + M 组合键打开"曲线"对话框，在对话框中调整曲线形状，把背景的图调调整到满意后，单击"确定"按钮关闭对话框，如图 10.43 所示。

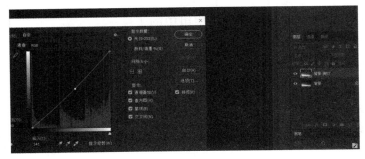

图 10.43

**步骤 6**　单击"图层"调板底部的"添加图层蒙版"按钮，为"背景 副本"层添加一个空白蒙版，如图 10.44 所示。

**步骤 7**　将前景色设置为黑色，选择画笔工具，在工具属性栏中将画笔直径调整到适当大小，然后设置"模式"为正常，"不透明度"为 100%，在前景图像上涂抹，可以看到前景变清晰了。继续涂抹远景图像（根据需要调整不同的笔刷直径与不透明度），恢复图像的层次，恢复丢失细节，如图 10.45 所示。

图 10.44

图 10.45

# 10.4　图层组的创建与使用

当"图层"调板中的图层较多时，用户可通过创建图层组对图层进行管理。创建和使用图层组的操作非常简单，下面以一个例子进行说明。

**步骤 1**　打开本书配套光盘"素材与实例"→"Ph10"→"11. psd"文件。

**步骤 2**　在"图层"调板中单击"创建新组"按钮，即可建立一个图层组（系统默认名称为"组 1"），如图 10.46 所示。

**步骤 3**　在建立组合层后，可将其他层拖放到组合层"组 1"上，此时，拖动的图层作为组合层的子层放置在组合层中（可以将多个图层拖曳到图层组中），如图 10.47 所示。

**步骤 4**　选中"组 1"，还可为其设置不透明度和色彩混合模式，如图 10.48 所示。这样，图层组中的子层都会随之变化。

图 10.46

**提示：**用户可以创建多个图层组，并可对图层组进行移动、复制等操作，其操作方法与图层的操作类似。但要注意的是，如果不改变图像的效果，可按原来的顺序将图像的各个图层放置在一个图层组上。

如果已经为图层组中的某个图层单独设置了混合模式或不透明度，则 Photoshop 会优先显示。

图 10.47　　　　　　　　　　　　　　　　图 10.48

# 10.5　剪辑组的创建与应用

为使用户更容易理解剪辑组的概念，通过制作图案文字进行说明，其操作如下。

**步骤 1**　打开本书配套光盘"素材与实例"→"Ph10"→"12. psd"文件，该图像最上面的层为图片，第二层为文字，第三层为黑色背景，如图 10.49 所示。从图中可看出，文字层完全被遮盖，无法看到文字。

图 10.49

**步骤 2**　将光标移到"图层"调板中文字层与"图层 1"之间的分界线上，按下 Alt 键，单击鼠标，如图 10.50 所示。

**步骤 3**　此时文字显示出来，且文字中显示"文字图层"的内容，在文字层的层名称下增加了一条下划线，如图 10.51 所示。这样便在"风景"和"文字图层"之间建立了剪辑组。

图 10.50

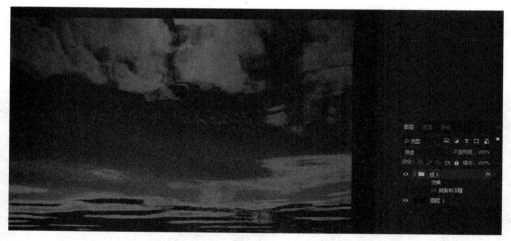

图 10.51

**提示：** 一个剪辑组中可以包含多个连续的图层，组中的最底层称为基底层（本例中，文字图层就是基底层），其中通常包括一些形状或文字，上面各层的图像只能通过基底层中有像素的区域显示出来，并采用基底层的不透明度。如果要取消剪辑组，可执行与创建剪辑组相同的操作。

# 10.6　学习总结

本章主要介绍了图层样式、图层蒙版、图层组和剪辑组的相关知识，以及制作珠宝广告等实例，说明了应用这些知识的方法。本章用户应重点掌握图层样式和图层蒙版的相关操作。其中，图层样式对话框中的参数较多，只有通过耐心的琢磨和实践经验的不断积累才能熟练掌握。

# 第 11 章

## 文字的输入、编辑与美化

● **知识要点**

- 输入文字
- 编辑文字
- 设置文字格式
- 将文字转换为路径或形状
- 将文字沿路径或图形内部放置

● **章前导读**

文字的编排是平面设计中非常重要的一项工作，利用 Photoshop 中的文字工具，用户可为图像增加艺术化的文字，从而增强图像的表现能力。通过对本章的学习，读者应能熟练掌握文字工具及文字相关调板的使用方法。

## 11.1　输入文字

文字是平面设计作品传达信息的重要元素。在 Photoshop 中，可以像在 Word 或其他文字编辑软件中一样，直接输入、编辑和修改文字。还可以方便地在图像中输入大段的段落文字，并对文字进行对齐、缩放、旋转和调整间距等操作。

在输入文字之前，通常用户要确定是创建文字选区还是直接创建文字，如果要创建文字选区，就选择横排文字蒙版工具或直排文字蒙版工具；如果要直接输入文字，则需要选择横排文字工具或直排文字工具，如图 11.1 所示。

**提示**：有关创建文字选区的方法，在 4.4 节已经介绍，这里不再赘述。

文字选区的制作方法与制作文字的方法完全相同，但它不创建文字图层。

### 11.1.1　输入普通文字

选择横排或直排文字工具，在图像中单击即可输入文字。下面以在一幅图像中输入文字为例，来了解文字工具的参数设置和使用方法。

**步骤 1**　打开本书配套光盘"素材与实例"→"Ph11"→"1. jpg"文件，选择工具箱中的直排文字工具，参照如图 11.2 所示属性栏设置文字属性。

➢ **更改文本方向**：输入文字后，该按钮才会被激活，单击它可以在文字的水平和垂直排列状态下切换。

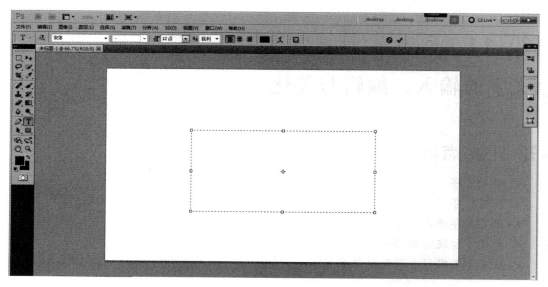

图 11.1

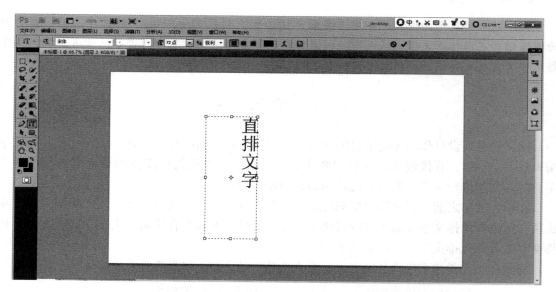

图 11.2

> **设置字体系统**：在该下拉列表中可以选择字体样式。

> **设置字体大小**：用于设置字体大小，可以直接输入数字，也可在下拉列表中选择字体大小。

> **设置消除锯齿方法**：在该下拉列表中可以设置字体用什么方式消除锯齿。

> **对齐文字**：当选择或使用工具时，对齐按钮显示为：使水平文字向左对齐、沿水平中心对齐、向右对齐。当选择或使用工具时，对齐按钮显示为：可以使垂直文字向上对齐、沿垂直中心对齐、向下对齐。

> **设置文本颜色**：单击该色块，可以在弹出的"拾色器"对话框中设置字体的颜色。

> ➢ **创建文字变形**：输入文字后，该按钮才会被激活，单击它可以在弹出的"变形文字"对话框中设置文字的变形样式。

> ➢ **显示/隐藏字符和段落调板**：单击该按钮，在弹出的"字符/段落"调板中，可以对文字进行更多的设置。

**步骤 2** 属性设置好后，在图像中单击，即可从鼠标单击的位置开始输入文字，此时系统会自动新建一个文字图层，用户不需要新建图层，如图 11.3 所示。

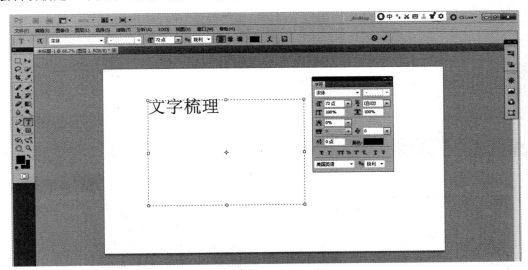

图 11.3

**步骤 3** 输入所需文字后，单击属性栏中的按钮或按 Ctrl + Enter 组合键即可结束输入。

**提示：** 如果此时希望移动文字的位置，可在按 Ctrl 键后单击并拖动。

如果要撤销当前的输入，可在结束输入前按 Esc 键或单击工具属性栏中的取消当前编辑按钮。

### 11.1.2 输入段落文字

当用户进行画册、样式设计时，经常需要输入较多的段落文字，这时可以把大段的文字输入在文本框里，以对文字进行更多的控制。

1. 利用任意大小的文本框创建段落文本

要创建段落文字，有两种方法：一种是在输入文字时首先单击并拖动，定义一个文字框，然后再输入文字；另一种方法是将点文字转换为段落文字。具体操作如下：

**步骤 1** 打开本书配套光盘"素材与实例"→"Ph11"→"2. jpg"文件，选择工具箱中的直排文字工具，设置其工具属性栏如图 11.4 所示。

**步骤 2** 将光标移至图像窗口中，按住鼠标左键不放，绘制一个文本框，当达到所需的位置后松开鼠标，如图 11.5（a）所示。

**步骤 3** 此时文本框的左上角出现闪烁的光标，随后即可输入文字，文字在文本框内会自动换行，如图 11.5（b）所示。

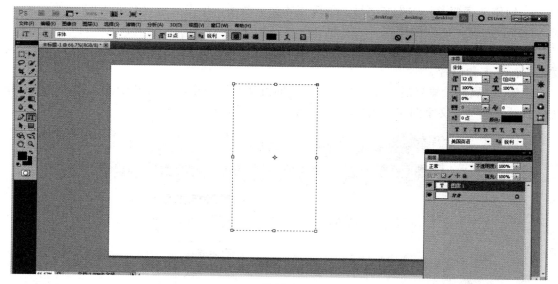

图 11.4

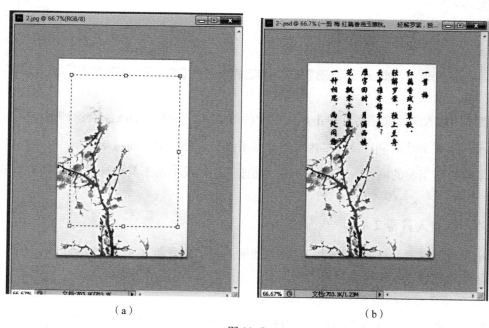

（a）　　　　　　　　　　　（b）

图 11.5

　　**步骤4**　如果输入的文字过多，文本框的右下角控制点呈十字形状，这表明文字超出了文本框范围，文字被隐藏了，这时可以改变文本框的大小来显示被隐藏的文字，如图11.6所示。

　　➢ 按住 Ctrl 键，可以移动文本框或旋转支点的位置。

　　➢ 将鼠标移至文字框的边线外侧，当鼠标呈 ↶ 状时，拖动鼠标可以旋转文本框。

　　➢ 文本框内的文字会随着文本框的变形而自动调整。

　　**步骤5**　文字输入完成后，按 Ctrl + Enter 组合键可确认输入。

**提示：** 要想将普通文本转换为段落文本，可先选择文本所在的图层（但不要进入文本编辑状态），然后选择"图层"→"文字"→"转换为段落文字"菜单。

要想将段落文字转换为普通文字，可在选中段落文本所在层后，选择"图层"→"文字"→"转换为点文字"菜单。

2. 利用指定大小的文本框创建段落文本

选择文字工具后，按住 Alt 键，在图像窗口拖曳鼠标，可以弹出"段落文字大小"对话框，如图 11.7 所示。在该对话框中可指定文本框的宽度和高度。

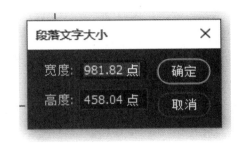

图 11.6　　　　　　　　　　　　　　　　　　　图 11.7

**提示：** Photoshop 中的字体是 Windows 系统自带的，字体较少。要安装新字体，可将所需的字体粘贴到"Windows"→"Fonts"目录下，然后重启 Photoshop，选择文字工具，字体就会自动出现在字体系统下拉列表中。

## 11.2　编辑文字

用户在图像中输入文字后，还可对文字进行编辑，比如修改文字内容、大小或颜色等。要编辑文字，必须先选取要编辑的文字，其操作方法如下：

➤ 双击文本图层缩览图，可将该层的所有文字选中，此时系统将自动切换到文字工具，用户可利用工具属性栏或"字符/段落"调板更改其颜色、字号、间距、行距等属性，如图 11.8 所示。

➤ 选择"文字工具"，然后将光标移至文字区单击，系统会自动将文字图层设置为当前图层，并进入文字编辑状态，此时可以在插入点输入文字。也可以按住鼠标左键不放，拖动并选中单独的文字，然后对选中的文字进行设置字体、颜色、格式，以及复制、删除等编辑操作。如图 11.9 所示。

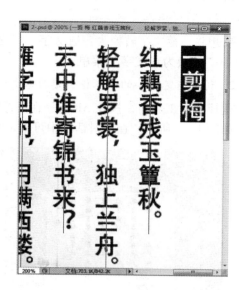

图 11.8                                                     图 11.9

**提示：** 如果要调整字符的间距，可用鼠标在两个字符间单击，当出现闪烁的光标后，按下 Alt 键的同时，再按方向键←、→调整字符的间距。

# 11.3    设置文字格式

不管是普通的文字还是段落文本，用户都可以为其设置文字格式，如字符间距、行距、缩进、加粗、斜体和基线偏移等。

### 11.3.1    设置字符格式

"字符"调板用于控制文字的字体格式，下面具体介绍。

**步骤 1**    首先选中要设置字符属性的文字，然后单击工具属性栏中的"显示/隐藏字符和段落调板"按钮，此时可在打开的"字符"调板中设置文字属性，如图 11.10 所示。

**步骤 2**    属性设置好后，按 Ctrl + Enter 组合键即可确认对文字属性的更改，如图 11.10（b）所示。

**提示：** 由图 11.10 可以看出，"字符"调板中的部分参数和文字工具属性栏中的相同，这里不再重复介绍，下面来了解其他常用参数的作用。

➤ **设置行距：** 用于设置文字行与行之间的距离。

➤ **实现所选字符的字距调整：** 可以设置文字之间的距离，值越大，字符之间的距离越大。

➤ **实现两个字符间的字距微调：** 该选项只能设置两个字符的间距。在两个字符间单击出现闪烁的光标后，该选项才可设置。

➤ **垂直缩放：** 用于设置字符的缩放高度。

（a）　　　　　　　　　　　　　　（b）

图 11.10

> **水平缩放**：用于设置字符的缩放宽度。
> **设置基线偏移**：用于设置文字基线（下边线）偏移，正值上移，负值下移。
>
> $\boxed{\textbf{T}\ \textit{T}\ \ \text{TT}\ \text{Tr}\ \text{T}^{1}\ \text{T}_{1}\ \ \underline{\textbf{T}}\ \overline{\textbf{T}}}$：单击相应的按钮，分别设置字体的仿粗体、
>
仿斜体、全部大写字母、小型大写字母、上标、下标、下划线和删除线，如图 11.11 所示。

图 11.11

**提示**：如果用户是对某个文字图层中的所有文字应用相同的文本格式，则不需要选中文本，只需将文本所在的图层置为当前层即可。

### 11.3.2　设置段落格式

选中段落文字所在的图层，在"段落"调板中可以控制文字的段落格式。选择文字工具后，单击工具属性栏的"显示/隐藏字符和段落调板"按钮，在打开的"字符/段落"调板中单击"段落"选项卡，可打开"段落"调板，如图 11.12 所示。

图 11.12

➤ **左对齐文本**：默认的文本对齐方式，单击该按钮，可以使文本左对齐，如图 11.13 所示。

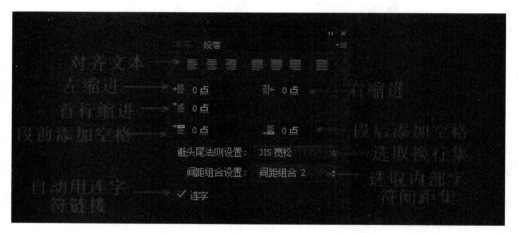

图 11.13

➤ **居中文本**：单击该按钮，可以使文本居中对齐。

➤ **右对齐文本**：单击该按钮，可以使文本右对齐。

➤ **最后一行左边对齐**：单击该按钮，可以使用文本左右对齐，最后一行左边对齐。

➤ **最后一行居中对齐**：单击该按钮，可以使用文本左右对齐，最后一行中间对齐。

➤ **最后一行右边对齐**：单击该按钮，可以使用文本左右对齐，最后一行右边对齐。

➤ **全部对齐**：单击该按钮，可以使文本左右全部对齐，对齐文本。

### 11.3.3　创建变形文字样式

尽管用户不能对文字图层执行色调调整和滤镜操作，但用户可对文字图层执行除"扭曲""透视"以外的"缩放""旋转"和"斜切"等变形，其操作与普通图像的变形完全相同，故此处不再赘述。

如果用户希望将文本呈弧形、波浪排列，可使用 Photoshop 的版形设置功能。具体操作如下：

**步骤 1**　打开本书配套光盘"素材与实例"→"Ph11"→"5. psd"文件，如图 11.14 所示。

图 11.14

**步骤 2**　双击文字图层的缩览图，进入文字编辑状态，如图 11.15 所示。

图 11.15

**步骤 3**　单击工具属性栏中的"创建文字变形"按钮，打开"变形文字"对话框，在对话框的样式下拉形表中选择鱼形，然后设置"弯曲"值为 + 62，单击"确定"按钮，文字被变形，如图 11.16 所示。

- 225 -

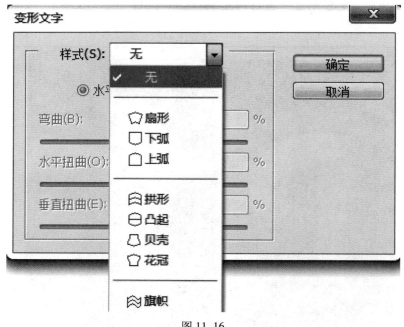

图 11. 16

**样式：** 在下拉列表中可以选择不同的样式。

➤ 选择 ◎水平(H) ◎垂直(V) 单选框，可决定扭曲作用在水平方向上还是垂直方向上。

➤ 弯曲：决定文字的扭曲程度。

➤ 水平扭曲：可以缩放水平扭曲的效果。

➤ 垂直扭曲：可以缩放垂直扭曲的效果。

**提示：** 如果文字图层已被设置为当前图层，也可直接选择"图层→"文字"→"文字变形"菜单，打开"变形文字"对话框。此外，版形设置是针对文字图层，而不是特定文字的，因此，每个文字图层上只能使用一种样式。

### 11.3.4 栅格化文字图层

文字图层的复制、删除等操作与普通图层的完全相同，但文字图层又不同于普通的图层，在将文字图层转换为普通图层之前，用户不能对文字图层执行大多数的操作，例如，在文字上绘画、应用滤镜等操作。所以，在很多时候都需要将文字图层转换为普通图层。

**提示：** 用户可为文字图层增加各种效果的图层样式。值得注意的是，即使为文字增加了图层样式，由于此时并未将文字图层转换为普通图层，因此，用户仍可随时编辑文字。

要将文字图层转换为普通图层，可执行如下操作之一。

➤ 选择"图层"→"栅格化"→"文字"或"图层"菜单。

➤ 在"图层"调板中的文字图层上右击鼠标，在弹出的菜单中选择"栅格化文字"。这是经常使用的栅格化图层的方法。

**提示：** 文字图层一旦被转换为普通层，用户将无法再对文字进行修改。

## 11.4 将文字转换为路径或形状——制作异型文字

尽管用户可以通过选择"编辑"→"自由变换"或"变换"中的适当选项对文字进行变形、旋转或翻转文字,但是,要制作图 11.17 所示的变形文字仍然无能为力。

图 11.17

因此,要制作这类特殊变形文字,应首先将文字转换为可自由调整的形状,然后再对其进行变形。下面通过制作上述变形文字来说明具体用法。

**步骤1** 打开本书配套光盘"素材与实例"→"Ph11"→"6. psd"文件,如图 11.18 所示。

图 11.18

**步骤2** 将文字图层置为当前操作层，然后选择"图层"→"文字"→"转换为形状"菜单，将文字转换为形状。此时文字边缘上将出现一些"毛刺"，如图11.19所示。

图 11.19

**步骤3** 现在先来为"欢"字变形，使用缩放工具局部放大"欢"字。

**步骤4** 在工具箱中选择删除锚点工具，然后单击字符"欢"（实际上它现在已经不再是字符了，）此时该字符上将显示字符形状控制点（又称锚点。）

**步骤5** 将光标移至图11.20（a）所示锚点上，单击鼠标可将锚点删除。继续单击其他锚点并删除，得到如图11.20（b）所示效果。

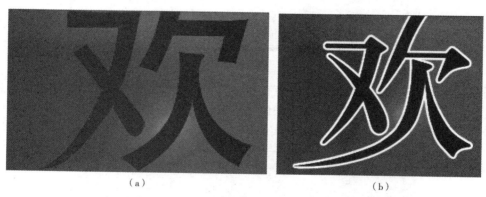

（a）　　　　　　　　　　（b）

图 11.20

**步骤6** 选择工具箱中的转换点工具，将光标移至图11.21（a）所示锚点上，单击锚点可将其转换为图11.21（b）所示尖状锚点。

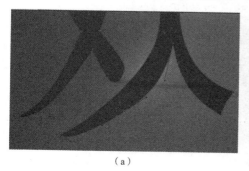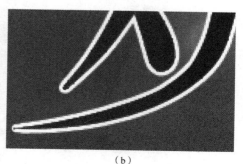

（a）　　　　　　　　　　（b）

图 11.21

**步骤 7**　下面使用直接选择工具拖动锚点两侧的调整杆，通过改变调整杆的长度与方向，从而调整锚点所在位置线条的形状，如图 11.22 所示。

**步骤 8**　用删除锚点工具将"欢"字的上部调整成图 11.23 所示效果。

**步骤 9**　选择工具箱中的添加锚点工具，将光标移至形状边线上，单击并拖动鼠标左键，可在单击处添加一个带调整杆的平滑锚点，然后再用直接选择工具和转换点工具做进一步调整，将"欢"字调至中间，如图 11.24 所示。

图 11.22

图 11.23

图 11.24

**步骤 10**　继续利用添加锚点工具、删除锚点工具、直接选择工具和转换点工具调整"乐"和"光"字，将两个字连接起来，如图 11.25 所示。

图 11.25

**步骤 11**　单击形状图层的蒙版缩览图可以隐藏路径，以查看对文字的变形效果，如图 11.26 所示。

**步骤 12**　单击"图层"调板底部的"添加图层样式"按钮，在弹出菜单中选择"描边"项，然后在打开的"图层样式"对话框中设置描边参数，其描边后效果如图 11.27 所示。

**提示：** 用户在了解了有关路径与形状编辑方面的知识后，可借助钢笔工具对文字进行更多的变形。有关路径与形状编辑方面的知识，将在第 13 章专门介绍。

图 11.26

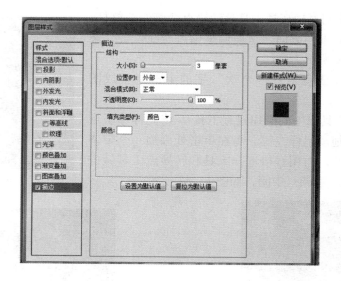

图 11.27

# 11.5　将文字沿路径或图形内部放置

在 Photoshop 中，要想沿路径放置文本，其实很简单，首先利用"钢笔""直线"等工具绘制好路径，然后选择文字工具 T 、 IT 或文字蒙版工具 ，移动光标到路径，待光标出现后单击，即可沿路径输入文字。

下面举一个例子具体说明使用方法。

**步骤 1**　打开本书配套光盘"素材与实例"→"Ph11"→"4.jpg"文件，选择工具箱中的钢笔工具，在其工具属性栏中单击"路径"按钮，然后在图像窗口中绘制一条路径，如图 11.28 所示。

图 11.28

**步骤 2** 选择横排文字工具，在属性栏中设置合适的文字属性，然后移动光标到路径上，待光标出现后单击，即可沿路径输入文字，如图 11.29 所示。

图 11.29

**步骤 3** 在工具箱中选择直接选择工具，将光标移至文本上方，待光标出现后单击并沿路径拖动，即可沿路径移动文本。

**步骤 4** 选择路径选择工具，将光标移至路径上方，单击并拖动，可移动路径，此时文本将随之移动。

**提示：** 如果绘制的是封闭路径，选择横排文字工具或直排文字工具，将光标移至路径内，单击，此时输入的文字将在路径内放置。

## 11.6　学习总结

　　本章主要为读者讲述输入文字的方法和利用"字符/段落"调板设置文字格式，还介绍了如何制作变形和异型文字。通过本章的学习，用户应了解文字图层的特点，并能够在各种平面设计作品中制作所需的文字效果，为作品锦上添花。

# 第 12 章
## 使 用 通 道

● 知 识 要 点 ▰▰▰▰▰▰▰

- 通道概览
- 通道操作

● 章 前 导 读 ▰▰▰▰▰▰▰

    学习通道将有助于读者更好地理解图像处理的原理，在充分理解通道（尤其是 Alpha 通道）的特点并掌握其用法之后，读者还可借助通道制作一些图像特技效果。通过本章学习，读者应理解通道的特点与作用，掌握"通道"调板的用法。

## 12.1　通道概览

    通道主要用于保存颜色数据。例如，一个 RGB 模式的彩色图像包括了"RGB""红""绿""蓝"四个通道。在对通道进行操作时，可以分别对各原色通道（"红""绿"或"蓝"）进行明暗度、对比度的调整，在对任意一个单色通道进行调整时，都会反映到 RGB 主通道中。也可对原色通道单独执行滤镜功能，以制作一些特技效果。

### 12.1.1　通道的原理与类型

#### 1. 通道的原理

    在实际生活中，看到的很多设备（如电视机、计算机的显示器等）都是基于三色合成原理工作的。例如，电视机中有 3 个电子枪，分明用于产生红色（R）、绿色（G）与蓝色（B）光，其不同的混合比例可获得不同的色光。Photoshop 也基本上是依据此原理对图像进行处理的，这便是通道的由来。

#### 2. 通道的类型

    对于不同颜色模式的图像，其通道表示方法也是不一样的。例如，对于 RGB 模式的图像来说，其通道有 4 个，即 RGB 合成通道、R 通道、G 通道与 B 通道；对于 CMYK 模式的图像来说，其通道有 5 个，即 CMYK 合成通道、C 通道（青色）、M 通道（洋红）、Y 通道（黄色）和 K 通道（黑色），如图 12.1 所示。以上这些通道都可称为图像的基本通道。

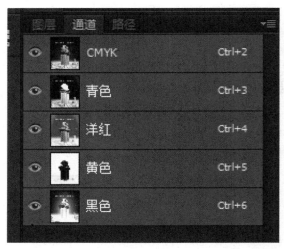

图 12. 1

**提示：**① "通道"调板最上面的通道为主通道，是其下方各单独颜色通道的合成效果。

② 除此之外，为了便于进行图像处理，Photoshop 还支持其他两类通道，这就是 Alpha 通道与专色通道。Alpha 通道一般用于保存选区，而专色通道用于辅助印刷（对应印刷上的专用色板）。

### 12. 1. 2  通道调板的组成元素

要操作"通道"，必须通过系统提供的"通道"调板来完成，选择"窗口"→"通道"菜单可打开（或关闭）"通道"调板。图 12. 2 显示了一幅 RGB 彩色图像的"通道"调板。

图 12. 2

下面简单解释其中各元素的意义。

➢ **通道名称、通道缩览图、眼睛图标：**和"图层"调板中相应项目的意义完全相同。和"图层"调板不同的是，每个通道都有一个对应的快捷键，这使得用户可以不必打开"通道"调板即可选中通道。

**提示：**由于 RGB 通道和各原色通道（红、绿和蓝）的特殊关系，因此，若单击 RGB 通道，则红、绿和蓝通道将自动显示；反之，若单击红、绿或蓝通道，则 RGB 通道将自动隐藏。要选中多条通道，可在选择通道时按下 Shift 键。

➤ **将通道作为选区载入**：单击该按钮，可以将通道中的图像内容转换为选区。

➤ **将选区存储为通道**：单击此按钮可将当前图像中的选区存储为蒙版，并保存到一个新增的 Alpha 通道中。该功能与"编辑"→"存储选区"菜单相同。

➤ **创建新通道**：单击该按钮可以创建新通道。用户可最多创建 24 个通道。

➤ **删除当前通道**：单击该按钮可删除当前所选通道，但不能删除 RGB 主通道。

**提示**：若按住 Ctrl 键后单击通道，也可载入当前通道中保存的选区。若按住 Ctrl + Shift 组合键后单击通道，则可将载入的选区添加到已有选区中。

### 12.1.3 通道的主要用途

从日常使用通道的经验来说，通道主要有以下几个用途：

➤ **辅助修饰图像**：用户可借助"通道"调板观察图像各通道的显示效果，然后再对图像进行修饰。

➤ **辅助制作一些特殊效果**：例如，在图 12.3 所示中，将图像复制到图 12.3（a）的"绿"通道中，其效果如图 12.3（b）所示。

（a）　　　　　　　　　　　　　　　　　（b）

图 12.3

➤ **利用 Alpha 通道可保存选区**：利用 Alpha 通道可保存选区的透明信息，以制作一些特殊效果，如图 12.4 所示。

图 12.4

**提示：** 在不同通道中放入不同的图像或分别对通道中的图像进行处理后，可借助"图像"→"调整"菜单中的各种命令调整图像，从而获得更好的效果。

# 12.2　通道操作

利用"通道"调板，用户可以创建新通道、复制通道、删除通道、合并通道和分离通道。下面分别介绍。

**提示：** 与图像操作相同，选中通道时，各种绘图、滤镜、图像色彩与色调命令都是针对该通道而言的。

### 12.2.1　创建新通道

要创建新通道，可执行如下操作：

➢ 打开任意一张图片后，单击"通道"调板下方的"创建新通道"按钮，即可创建一个 Alpha 通道，新建的 Alpha 通道在图像中显示为黑色，如图 12.5 所示。

图 12.5

➢ 也可单击"通道"调板右上角按钮，在弹出的控制菜单中选择"新建通道"命令，此时可打开如图 12.6 所示的"新建通道"对话框。用户可通过该对话框设置通道名称、通道颜色和不透明度等。单击"确定"按钮，可新建一个 Alpha 通道。

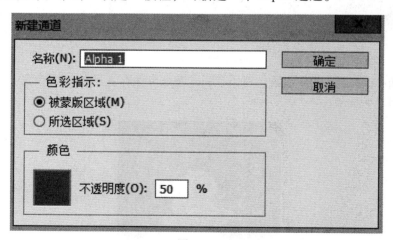

图 12.6

"新建通道"对话框中部分参数的意义如下：

➢ **色彩指示：** 选择"被蒙版区域"或"所选区域"，可决定新建通道的显示方式。

➢ **被蒙版区域：** 若选中该单选框，表示新建通道中黑色区域代表蒙版区，白色区域代表保存的选区。

> **所选区域**：若选中该单选钮，则与选中"被蒙版区域"意思相反。

**提示**：用户在创建图层蒙版的时候，实际上也是创建了一个 Alpha 通道。通道、蒙版、选区之间都是可以相互转换的。

### 12.2.2 复制与删除通道

当用户利用通道保存了一个选区后，如果希望对该选区进行编辑，通常应先将该通道的内容复制后再进行编辑，以免编辑后不能还原。为了节省文件存储空间和提高图像处理速度，用户还可删除一些不再使用的通道。

1. 复制通道

要复制通道，应首先选中该通道，然后执行如下操作。

> 将要复制的通道拖曳到"通道"调板底部的"创建新通道"按钮上。

> 选择"通道"调板控制菜单中的"复制通道"菜单，此时系统将打开如图 12.7 所示的"复制通道"对话框。用户可通过该对话框设置通道名称，指定要复制的文件（默认为通道所在文件），以及是否通道内容反相，单击"确定"按钮可复制通道。

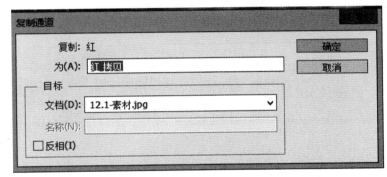

图 12.7

**提示**：在"文档"下拉列表框中只能显示与当前文件具有相同分辨率和尺寸的图像。此外，主通道内容不能复制。

2. 删除通道

要删除通道，应首先选中该通道，然后执行如下操作：

> 将要删除的通道拖曳到"图层"调板底部的"删除当前通道"按钮上。

> 在"通道"调板的控制菜单中选择"删除通道"菜单项。

**提示**：用户需要注意的是，主通道是不能删除的。如果删除了某个原色通道（如红、绿、蓝），则通道的色彩模式将变为"多通道"模式。

### 12.2.3 分离和合并通道

Photoshop 可以将一个图像文件中的各通道分离出来，各自成为一个单独文件，不过在执行该命令之前，必须先将图像中的所有层合并，否则此命令不能使用。

1. 分离通道

选择"通道"调板控制菜单中的"分离通道"菜单项，可以将当前图像文件的各通道分离。分离后的各个文件都以单独的窗口显示在屏幕上，且均为灰度图。其文件名为原文件的名称加上通道名称的缩写，如本例图像文件名为"04.jpg"，分离后的文件为"04_R.jpg""04_G.jpg"和"04_B.jpg"，如图 12.8 所示。

图 12.8

2. 合并通道

根据实际需要，对分离后的通道编辑和修改后，还可以对其进行合并，具体操作如下。

**步骤 1** 在"通道"调板的控制菜单中选择"合并通道"命令，打开如图 12.9 所示的"合并通道"对话框。

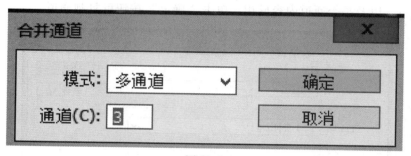

图 12.9

**步骤 2** 用户可在该对话框中选择合并后图像的色彩模式，并可在"通道"编辑框中键入合并通道的数目，如 RGB 模式为 3，CMYK 模式为 4。

**步骤 3** 单击"确定"按钮后，系统打开如图 12.10 所示的"合并 RGB 通道"对话框，用户可在该对话框中分别为三原色选定各自的原文件。

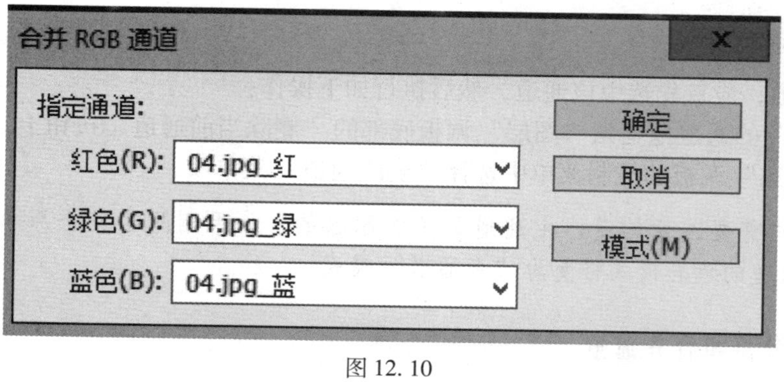

图 12.10

**步骤 4** 再单击"确定"按钮，即可将分离后 3 个灰度的文件合并成 RGB 模式的文件。

### 12.2.4　创建专色通道

前面曾经提到过"专色"通道主要用于印刷行业，它可以使用一种特殊的混合油墨替代或附加到图像颜色油墨中。要创建"专色"通道，可按如下步骤操作。

**步骤1**　在"通道"调板控制菜单中选择"新建专色通道"菜单，此时系统将打开图12.11 所示"新建专色通道"对话框。

图 12.11

**步骤2**　用户可通过该对话框设置通道名称、油墨颜色（对印刷有用）和油墨密度。

**步骤3**　设置完成后，单击"确定"按钮，即可新建一个专色通道，如图 12.12 所示。

图 12.12

**提示：**密度：该设置只是用来在屏幕上显示模拟打印效果，对实际打印输出并无影响。此外，如果在新建专色通道之前选择了区域，则新建专色通道后，将在选区内填充专色通道颜色（标识选区），并取消选区的虚框线。

**步骤4**　选择"通道"控制快捷菜单中的"合并专色通道"项，可将专色通道直接合并到各原色通道中。

**提示：**用户还可将一个普通的 Alpha 通道转换专色通道。为此，应先选中需要转换的 Alpha 通道，然后在"通道"调板控制菜单中选择"通道选项"。在打开的"通道选项"对话框中，"色彩指示"设置区中选择"专色"单选钮即可。

## 12.3　上机实践——淘宝女装广告设计

**步骤1**　打开本书配套光盘"素材与实例"→"Ph12"→"12.3.psd"，如图 12.13 所示。此时对应的"图层"面板如图 12.14 所示。

**步骤2**　按住 Ctrl + Shift 组合键，分别单击"图层 1""图层 2"和"图层 3"的缩略图，则载入它们相加的选区，如图 12.15 所示。切换至"通道"面板，单击"将选区存储为通道"按钮，得到"Alpha1"，选择此通道，按 Ctrl + D 组合键取消选区，此时通道中的状态如图 12.16 所示。

图 12. 13

图 12. 14

图 12. 15

图 12. 16

**步骤3** 选择"滤镜"→"模糊"→"高斯模糊"命令，在弹出的对话框中设置"半径"数值为 35，如图 12.17 所示。单击"确定"按钮退出对话框，得到如图 12.18 所示效果。

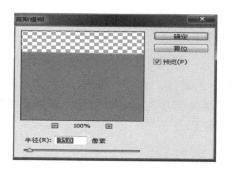

图 12. 17

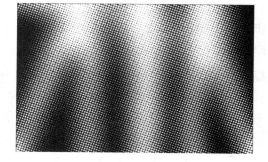

图 12. 18

**步骤4** 按 Ctrl + I 组合键执行"反向"操作，选择"滤镜"→"像素化"→"彩色半调"命令，弹出的对话框如图 12.19 所示，单击"确定"按钮退出对话框，再次按 Ctrl + I 组合键，得到图 12.20 所示效果。

**步骤5** 按 Ctrl 键单击"Alpha"通道缩览图载入其选区，切换回"图层"面板，选择"背景"图层作为当前色工作层，新建一个图层，设置前景色为 c47a51，按 Alt + Delete 组合键填充前景色，按 Ctrl + D 组合键取消选区，得到图 12.21 所示的效果，此时的"图层"面板如图 12.22 所示。

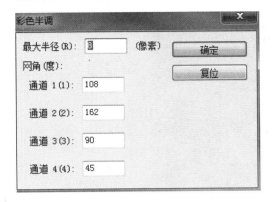

图 12.19

图 12.20

图 12.21

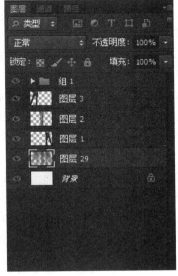

图 12.22

# 12.4 学习总结

　　本章主要为读者讲述通道的类型及基本的用途，掌握并深刻理解这些知识，就能够在工作上灵活运用通道。

# 第 13 章

## 形 状 与 路 径

- 形状绘制与编辑
- 路径创建、编辑和应用

● 章 前 导 读

在 Photoshop 中，形状与路径都用于辅助绘画。对于路径来讲，用户可对其进行描边、填充或将其转换为选区。用户还可方便地对路径进行各种编辑。当选区制作难度较大（图像比较复杂或要求选区边界非常精确）时，路径也经常被用于辅助制作选区。绘制形状时，系统将自动创建以前景色为填充内容的形状图层，此时形状被保存在图层的矢量蒙版中。同时，执行适当的命令，可将形状图层的内容修改为渐变色或图案。

在 Photoshop 中，路径与形状的共同点是，都使用相同的绘制工具（如钢笔、直线、矩形等工具），且编辑方法也完全一样。

## 13.1　形状绘制与编辑

要绘制和编辑形状，可使用工具箱中的相关工具。Photoshop CC 的工具箱提供了 6 个矢量图形工具，如图 13.1 所示。通过这些工具，可以更加方便地绘制常见的路径形状。

### 13.1.1　熟悉形状工具的属性栏

形状工具的属性栏基本相同，下面以矩形工具为例介绍其选项，如图 13.2 所示。

从该属性栏中可以看出，利用形状工具可创建三类对象：形状、路径及像素。其意义分别介绍如下：

➢ **形状图层**：单击该工具表示绘制图形时将创建形状层，此时所绘制的形状将被放置在形状层的蒙版中。

➢ **路径**：单击选中该工具表示绘制图形时将创建工具路径。

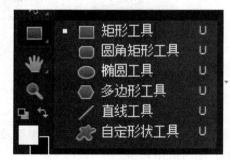

图 13.1

➢ **像素**：单击选中该工具将制作各种形状的位图，这和使用画笔工具画图没什么区别。

图 13.2

### 13.1.2　形状工具的特点

在 Photoshop CC 中，系统提供的形状工具可分为两类：一类是"矩形""圆角矩形""椭圆""多边形"及"直线"等基本形状工具；另一类是为数众多的自定形状工具。下面就简要介绍一下各种形状工具的特点，以及形状的运算方式。

#### 1. 钢笔工具

钢笔工具是基本的形状绘制工具，可用来绘制直线或曲线，并可在绘制形状的过程中对形状进行简单编辑，如图 13.3 所示。

图 13.3

使用钢笔工具时，应注意如下几点：
➢ 在某点单击将绘制该点与上一点的连接直线。
➢ 在某点单击并拖动将绘制该点与上一点之间的曲线。
➢ 将光标移至起点，光标的形状为钢笔且下面显示一个小圆时，单击可封闭曲线。
➢ 将光标移至形状的中间锚点，光标形状为钢笔且下面显示一个减号时，单击可删除锚点。
➢ 将光标移至形状中间的非锚点位置，光标形状为钢笔且下面显示一个加号时，单击可在该形状上增加锚点。如果单击并拖动，则可调整形状的外观。
➢ 默认情况下，只有在封闭了当前形状后，才可绘制另一个形状。但是，如果用户希望在未封闭上的形状前绘制新形状，只需按 Esc 键；也可单击铅笔工具或其他工具，此时光标将显示为不可用状态。
➢ 将光标移至形状终点，光标形状为钢笔光标且下面显示一个小圆时，单击并拖动可绘制形状终点的方向控制线。
➢ 在绘制路径过程中，可利用 Photoshop 的撤销功能逐步删除所绘线段。

**自动添加/删除：** 如果选中该复选框，表示结束形状绘制时，系统自动为形状增加或删除锚点。设置如图 13.4 所示。

**橡皮带：** 如果选中该复选框，表示绘制形状时，显示一条反映线条外观的橡皮线，如图 13.5 所示。

#### 2. 自由钢笔工具

使用自由钢笔工具在图像窗口单击可确定路径起点，按住鼠标左键不放并拖动，可绘制任意形状的曲线，松开鼠标即结束绘制。其属性栏如图 13.6 所示。

图 13.4                                                                图 13.5

图 13.6

> **"磁性的"**：若选中该复选框，自由钢笔工具将具有磁性套索工具的属性，如图 13.7 所示。因此，该工具常用于精确制作选区，或者进行临摹绘画。

3. 矩形工具

利用矩形工具可绘制各种矩形。此外，通过设置该工具的属性，还可绘制正方形，固定尺寸的矩形（此时单击即可绘制矩形），固定宽、高比例的矩形等，如图 13.8 所示。

图 13.7                                                                图 13.8

4. 圆角矩形工具

圆角矩形工具属性栏如图 13.9 所示，利用该属性栏可设置矩形的圆角半径及其他参数。

图 13.9

5. 椭圆工具

椭圆工具属性栏如图 13.10 所示。其中，如果在"椭圆选项"设置对话框中选中"圆（绘制直径或半径）"单选钮，表示利用该工具绘制正圆。

图 13.10

6. 多边形工具

利用多边形工具可以非常方便地绘制各种样式的多边形，如图 13.11 所示。

图 13.11

> **边**：用于设置多边形的边数。
> **半径**：决定多边形的半径。
> **平滑拐角**：用于控制是否对多边形的夹角进行平滑。
> **星形**：用于绘制多角形。利用其下面的两项可控制多角形的形状。
> **平滑缩进**：决定绘制多角形时是否对其内夹角进行平滑。在选中"星形"复选框后，该复选框才允许进行设置。

7. 直线工具

选择直线工具后，其工具属性栏如图 13.12 所示。利用该属性栏可设置所绘制直线的宽度，是否带前、后箭头及箭头的宽度、长度与凹度。

图 13.12

8. 自定形状工具

自定形状工具的使用方法与"矩形""多边形"等工具的使用方法相同。在形状工具组中选中自定形状工具后，其工具属性栏和多种自定形状如图 13.13 所示。

图 13.13

### 13.1.3 形状编辑方法

要编辑形状，可使用形状编辑工具及相关的命令。

1. 移动、复制和删除形状

要移动形状的位置，可首先选中路径选择工具，然后单击形状并拖动。如果在拖动的同时按下了 Alt 键，则可以复制形状。此外，要删除形状，可在选中形状后按 Delete 键。

2. 改变形状外观

要改变形状外观，可使用如下工具。

> **直接选择工具**：选中该工具后，单击形状边线可显示形状锚点，单击锚点可显示锚点的方向控制杆。此时单击锚点并拖动，可移动锚点的位置；单击方向控制杆的端点并拖动，可调整形状的外观。

> **增加锚点工具**：选中该工具后，在形状边线上单击可为形状增加锚点。

> **删除锚点工具**：选中该工具后，在形状边线上单击锚点可删除锚点，从而改变形状

的外观。不过，在使用该工具之前，应该首先使用路径选择工具或直接选择工具单击形状，以便使锚点能够显示出来。

➢ **转换锚点工具**：在 Photoshop 中，锚点的类型可分为 3 类，分别为直接锚点、曲线锚点与贝叶斯锚点，如图 13.14 所示。

图 13.14

3 类锚点的特点如下：

➢ **直线锚点**：该锚点的特点是没有方向控制杆。利用钢笔工具在选定位置单击，即可获得直线锚点。

➢ **曲线锚点**：利用钢笔工具在选定位置单击并拖动可创建曲线锚点，其特点是锚点两侧有方向控制杆。虽然两个方向控制杆的长度可以不同，但始终在一条直线上。

➢ **贝叶斯锚点**：该锚点两侧都有方向控制杆，不但两个方向控制杆的长度可以不同，而且可以不在一条直线上，从而制作"凹"形状。但是，用户无法使用钢笔工具制作贝叶斯锚点，而只能使用转换点工具将曲线锚点转换为贝叶斯锚点。

**提示**：利用转换点工具，可改变锚点类型。

3. 形状的旋转、翻转、缩放与变形

在用户选中了任何一个形状工具后，在编辑菜单中，原来为自由变换和变换菜单项的位置处，将变为自由变换路径和变换路径菜单项，选择其中任何一个菜单项均可进入自由变形状态，如图 13.15 所示。

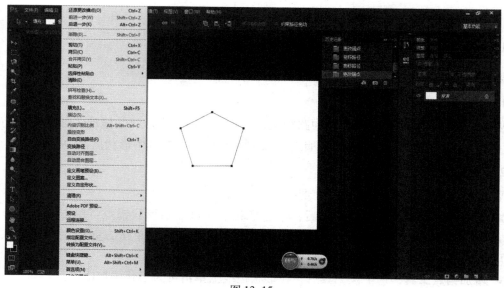

图 13.15

如果使用直接选择工具，选中了当前形状层中的部分形状锚点，则"编辑"菜单中相应位置的菜单项将变为自由变换点和变换点，选择其中之一可对当前选中的部分形状变形，如图 13.16 所示。

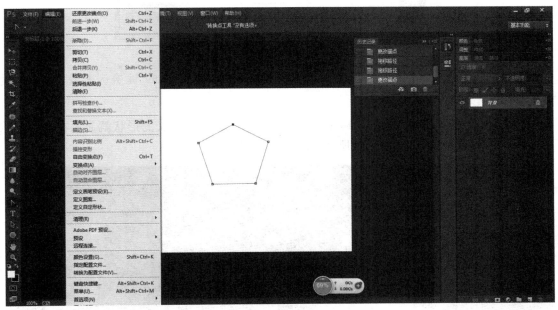

图 13.16

### 13.1.4　形状与选区的相互转换

要想将形状转换为选区非常简单，只需在按下 Ctrl 键后单击形状图层中的蒙版即可。要将选区转换为自定义形状，可按如下步骤操作。

**步骤1**　打开本书配套光盘"素材与实例"→"Ph13"→"1. jpg"，用色彩范围命令将小猫的轮廓线制作成选区，如图 13.17 所示。

**步骤2**　在"路径"调板中单击按钮，从选区生成工作路径，如图 13.18 所示。

图 13.17

图 13.18

**步骤3**　选择"编辑"→"定义自定形状"菜单，在打开的"形状名称"对话框中将自定形状命名为"小猫",如图 13.19 所示。

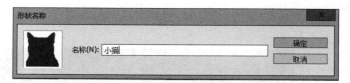

图 13.19

**提示**：形状变形的各种方法和图像变形完全相同，且可按 Enter 键确认变形，按 Esc 键取消变形。

**步骤 4** 设置完成后，单击"确定"按钮关闭对话框，自定义的形状就显示在自定形状下拉面板的最后位置，如图 13.20 所示。

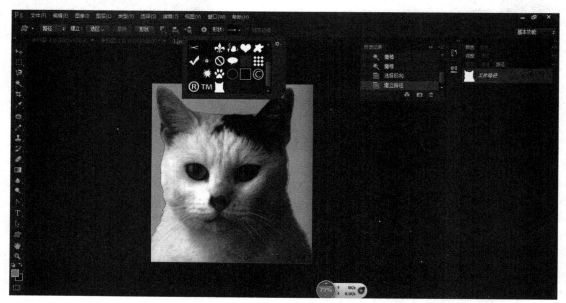

图 13.20

## 13.2 路径创建、编辑和应用

在前面曾讲到过，使用钢笔工具、形状工具可以绘制三类对象，其中，在工具属性栏中按下"路径"按钮后，将绘制路径，如图 13.21 所示。

图 13.21

路径是由一个或多个直线或曲线组成的。路径上的一个个矩形的小点，称为锚点，通过调整锚点的位置和形态，可对路径进行各种变形。

提示：路径和形状的创建与编辑方法完全相同。但路径是被保存在"路径"调板中的。路径本身不会出现在将来输出的图像中。只有对路径进行描边或填充后，它才会影响图像的效果。

### 13.2.1 路径层、子路径与工作路径

与形状图层类似，路径也可分别存储在不同的路径层中，并且每个路径层可包含多个子路径。

工作路径是用于保存路径的临时路径层，其应用如下：

➤ 绘制路径时，如果未选中任何路径层，则所绘的路径将被存储在工作路径中。

➤ 如果当前工作路径中已经存放了路径，则其内容将被新绘制的路径所取代。如果在绘制路径前首先在"路径"调板中单击选中了工作路径，则新绘制的路径将被增加到工作路径中。

### 13.2.2 路径的描边与填充

用户在对路径描边时，可使用特定工具的属性设置。对路径进行填充时，可设置所使用的内容（前景色、背景色或图案等）、颜色混合模式、不透明度，以及是否羽化等。其操作步骤如下。

**步骤1** 创建路径后，在"路径"调板的控制菜单中先后选择填充路径与描边路径命令，如图13.22所示。打开相应的"填充路径"与"描边路径"对话框。

图13.22

提示：按下Alt键，单击"路径"调板底部的"用前景色填充路径"或"用画笔描边路径"按钮，也可打开"填充路径"或"描边路径"对话框。

**步骤2** 根据填充或描边的具体要求，在相应的对话框中设置适当的参数，如图13.23所示。

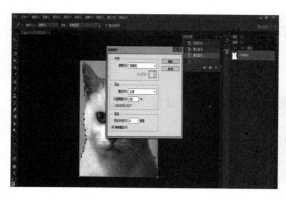

图 13.23

**步骤 3** 参数设置完毕后，单击对话框中的"确定"按钮，填充和描边颜色效果如图 13.24 所示。

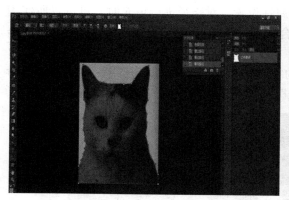

图 13.24

### 13.2.3 路径的显示与隐藏

要隐藏路径，可执行如下操作：

➢ 按下 Shift 键单击某个路径的缩览图，可暂时隐藏路径。

➢ 在"路径"调板中单击空白处可隐藏所有路径的显示。

要显示路径，可执行如下操作：

➢ 在"路径"调板中单击某个路径层，可显示该路径层。

➢ 选择"视图"→"显示"→"目标路径"菜单，可显示/隐藏所示路径的显示。

### 13.2.4 利用"路径"调板管理路径

利用"路径"调板，用户可执行所有涉及路径的操作，如图 13.25 所示。例如，将当前选区转换为路径、将路径转换为选区、删除路径、创建新路径等。

图 13.25

## 13.3 上机实践——连体特效文字

**步骤 1** 设置背景色的颜色值为#77181c，按 Ctrl + N 组合键新建一个文件，设置弹出的对话框，如图 13.26 所示，单击"确定"按钮退出对话框，以创建一个新的空白文件。

图 13.26

**步骤 2** 按 Alt 键双击"背景"图层名称，将其换为普通图层"图层 0"，为方便观看，隐藏"图层 0"，选择横排文字工具，按 X 键交换前景色与背景色，并在其工具条上设置合适的字体和字号，在画布中如图 13.27 所示的位置分别输入文字"老京"和"北"，使其各处于一个单独的图层。

图 13.27

**步骤3** 选择图层"北"为当前操作图层，单击添加图层蒙版按钮为其添加蒙版，选择画笔工具，设置前景色为黑色，在蒙版中涂抹，以隐藏"北"字右边的画笔"点"，如图 13.28 所示。图层蒙版状态如图 13.29 所示。

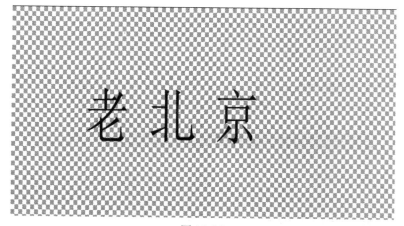

图 13.28

**步骤4** 右键单击图层"老京"的图层名称，在弹出的菜单中选择"转换为形状"命令，得到文字"老京"的路径。选择直接选择工具，选中"京"字左上角的锚点，如图 13.30 光标处所示。按 Delete 键删除，得到一个开放的端口，如图 13.31 光标处所示。

**步骤5** 选择钢笔工具，单击开放端口中的一个锚点后，绘制如图 13.32 所示的路径。选择直接选择工具移动"京"字头上"点"的路径的相应锚点至如图 13.33 所示，使其接近圆形。

**步骤6** 选择转换点工具，拖动笔画"点"的路径左侧的锚点的控制句柄，使其成为如图 13.34 所示圆形。用相同的方法调整上一步绘制的路径的所有锚点至如图 13.35 所示。

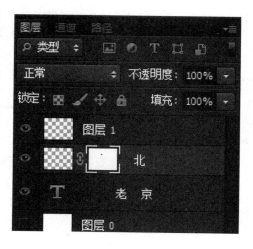

图 13.29

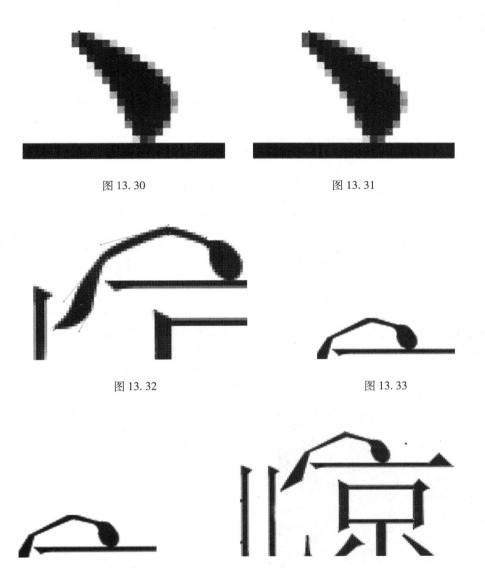

图 13.30　　　　　　　　　　图 13.31

图 13.32　　　　　　　　　　图 13.33

图 13.34　　　　　　　　　　图 13.35

**步骤7**　用步骤4～步骤6，修改图层"老京"的路径至如图 13.36 所示，并结合文字工具和路径工具输入文字和绘制其他装饰形状至如图 13.37 所示的效果。

图 13.36　　　　　　　　　　图 13.37

**步骤 8**　选择横排文字工具，设置前景色的颜色值为 77181c，并在其工具选项卡上设置适当的字体和字号，在"老北京"下方输入拼音"LAOBEIJING"，隐藏"图层 0"后如图 13.38 所示。

**步骤 9**　单击添加图层蒙版按钮为图层"LAOBEIJING"添加图层蒙版，设置前景色为黑色，选择画笔工具并在其工具选项栏上设置合适的大小，在图层蒙版中涂抹以隐藏字母"E"和"J"及字母"A"中间的"—"，如图 13.39 所示。图层蒙版如图 13.40 所示。

图 13.38　　　　　　　　　　　　　　　　　图 13.39

**步骤 10**　选择文字工具，设置与"LAOBEIJING"相同的字体和字号，输入"E"，产生图层"E"，用移动工具将字母"E"移至"LAOBEIJING"中"E"原来的位置。用相同的方法输入"J"，产生图层"J"并将其移至"LAOBEIJING"中"J"原来的位置。效果如图 13.41 所示。

图 13.40　　　　　　　　　　　　　图 13.41

**步骤 11**　右键单击图层"E"的图层名称，在弹出的菜单中选择"转换为形状"命令，得到"E"的路径，然后用步骤 4～6 的方法修改"E"的路径，隐藏图层"LAOBEIJING"和"J"后的效果如图 13.42 所示。显示"J"后，用相同的方法得到形状图层"J"，并修改"J"的路径，如图 13.43 所示。

**步骤 12**　为了保留文字图层，复制图层"LAOBEIJING"，生成"LAOBEIJING 拷贝"后，显示拷贝图层，单击"添加图层样式"按钮，在弹出的菜单中选择"描边"命令，弹出的对话框如图 13.44 所示，效果如图 13.45 所示。用相同的方法为图层"E"和"J"添加"描边"图层样式，效果如图 13.46 所示。

图 13.42

图 13.43

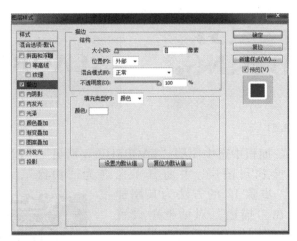

图 13.44

图 13.45

图 13.46

**步骤 13** 单击图层"LAOBEIJING 拷贝"的图层名称，在弹出的菜单中选择"转换为智能对象"命令。按住 Ctrl 键，单击图层"LAOBEIJING 拷贝"的缩览图移载入其选区，选择图层"E"为当前操作图层，按 Alt 键并单击"添加图层蒙版"按钮，为图层"E"添加图层蒙版，得到如图 13.47 所示的效果，蒙版状态如图 13.48 所示。

图 13.47

图 13.48

**步骤 14** 设置前景色为黑色，选择画笔工具并在其工具选项栏上设置合适的大小，在图层"E"的图层蒙版里涂抹，以隐藏"E"中间的"一"。然后设置前景色为白色，在相应的部位涂抹至如图 13.49 所示的效果，蒙版状态如图 13.50 所示。

图 13.49

图 13.50

**步骤 15**　用步骤 13 和 14 的方法为图层"J"添加图层蒙版，并用画笔工具涂抹，得到如图 13.51 所示的效果，图层蒙版如图 13.52 所示。

图 13.51

图 13.52

**步骤 16**　在"图层"面板中选中图层"LAOBEIJING 拷贝""E"和"J"，复制这三个图层，合并新生成的三个拷贝图层，并将其重命名为"白底"，将图层"白底"拖到"LAOBEIJING"的下方。步骤 12 的方法为其添加"描边"的图层样式，在"描边"对话框中设置"大小"为 5 像素，显示"图层 0"后的效果如图 13.53 所示。

图 13.53

**步骤 17**　选择画笔工具，设置前景色为白色，在字母及字母之间的空隙处涂抹至如图 13.54 所示的效果。最后，选择文字工具并设置合适的字体和字号，设置前景色为白色，输入相关文字信息后，效果如图 13.55 所示，"图层"面板如图 13.56 所示。

图 13.54

图 13.55

图 13.56

## 13.4　学习总结

本章重点为读者讲述了路径和形状的绘制与编辑方法、路径和形状之间的区别，并通过典型实例的学习，巩固了所学的知识。读者应注意路径和形状工具的实例应用技巧，特别是"钢笔工具"和相关调整工具的使用很难把握，初学者开始可以用它们描一些图像的轮廓，以练习其使用方法，能熟练使用后再绘制自己喜欢的作品。

# 第 14 章
## 使 用 滤 镜

● **知识要点**

- 滤镜概述
- 液化、图案生成器和消失点滤镜
- Photoshop 内置滤镜概览
- 使用外挂滤镜

● **章前导读**

利用滤镜可快速制作一些特殊效果，如风吹效果、浮雕效果、光照效果等。Photoshop 提供的滤镜种类繁多，本章只挑选了较为常用的一些滤镜。

除了自身拥有的滤镜外，Photoshop 还允许安装其他厂商提供的滤镜，我们称之为外挂滤镜。安装了外挂滤镜后，用户可更加随心所欲地进行图像编辑了。

## 14.1　滤镜概述

滤镜是批一种特殊的软件处理模块，经过滤镜处理后的图像可以产生许多令人惊叹的神奇效果，它是在处理图像时的得力助手。

Photoshop 提供的滤镜共有 14 大类，其中包括像素化、扭曲、杂色、模糊、渲染、画笔描边、素描、纹理、艺术效果、视频、锐化、风格化、其他和 Digimarc。下面分别介绍。

### 14.1.1　滤镜的使用规则

所有滤镜的使用，都有以下几个相同的特点，用户必须遵守这些操作要领，才能准确有效地使用滤镜功能。

➢ 滤镜的处理效果是以像素为单位的，因此，滤镜的处理效果与图像的分辨率有关。用相同的参数处理不同分辨率的图像，其效果会不相同。

➢ 当执行完一个滤镜命令后，如果按下 Shift + Ctrl + F 组合键（或选择"编辑"→"渐变隐滤镜名称"菜单），系统将打开"渐隐"对话框，利用该对话框可执行滤镜后的图像与源图像进行混合。用户可在该对话框中调整"不透明度"和"模式"选项。

➢ 在任一滤镜对话框中，按下 Alt 键，对话框中的"取消"按钮变成"复位"按钮，单击它可将滤镜设置恢复到刚打开对话框时的状态。

➢ 在位图和索引颜色的色彩模式下不能使用滤镜。此外，不同的色彩模式，使用范围也不同，在 CMYK 和 Lab 颜色模式下，部分滤镜不能使用，如"画笔描边""素描""纹理"

和"艺术效果"等滤镜。

> 使用"编辑"菜单中"还原"和"重做"命令可对比执行滤镜前后效果。

### 14.1.2 使用滤镜的技巧

滤镜功能是非常强大的，使用起来千变万化，如果运用得好，将产生各种各样的特效。下面是使用滤镜的一些技巧：

> Photoshop 会针对选区进行滤镜效果处理。如果没有定义选区，则对整个图像做处理；如果当前选中的是某一图层或通道，则只对当前图层或通道起作用。

> 只对局部图像进行滤镜效果处理时，可以对选区设定羽化值，使处理的区域能自然地与源图像融合，减少突兀的感觉。

> 可以对单独的某一层通道或是 Alpha 通道执行滤镜，然后合成图像，或者将 Alpha 通道中的滤镜效果应用到主画面中。

> 可以将多个滤镜组合使用，从而制作出漂亮的文字、图形或底纹。此外，用户还可将多个滤镜记录成一个"动作"。

## 14.2 液化、图案生成器和消失点滤镜

### 14.2.1 液化滤镜

液化命令逼真地模拟液体流动的效果，可以非常方便地制作弯曲、旋涡、扩展、收缩、移位及反射等效果。不过，该命令不能用于索引颜色、位图或多通道模式的图像。下面通过为一个女孩烫发的例子来介绍该命令的使用方法。

**步骤1** 打开本书配套光盘"素材与实例"→"Ph14"→"1.jpg"文件，如图 14.1 所示。

**步骤2** 选择"滤镜"→"液化"，在打开的"液化"对话框的工具箱中选择冻结蒙版工具，并设置其画笔大小，然后在人物脸部涂抹，以冻结该部分（以后对其他部分执行变形操作时，该部分将不受影响）。

**步骤3** 选择顺时针旋转扭曲工具，然后在对话框右侧"工具选项"设置区中设置画笔的大小，再在人物头发上涂抹，此时，从预览窗口可看到，人物的头发变弯曲了，如图 14.2 所示。

**提示：** 在一幅图上要进行大面积的扭曲变形，其中有一部分不要被扭曲，可以使用冻结蒙版工具先把这部分隔离出来，再选取变形工具进行处理。

如果希望将图像恢复到初始状态，可在"液化"对话框右侧的"重建选项"设置区中单击"恢复全部"按钮。

**步骤4** 将人物的头发扭曲变形到理想的效果后，单击"确定"按钮，关闭对话框，显示为使用液化命令调整图像的前后效果。

**提示：** 在"液化"对话框左侧的工具箱中还有很多用于对图像进行特殊编辑的工具，如向前变形工具、湍流工具、褶皱工具、膨胀工具、左推工具、镜像工具等，它们的参数设

置较多，但功能都很明确，这里不再详细介绍，读者可以自己尝试一下。

图 14.1

图 14.2

### 14.2.2 图案生成器

在 Photoshop 中，利用图案生成器命令可以选择图像中的部分区域或整个图像，通过适当设置，从而生成无缝平铺图案，如图 14.3 所示。

图 14.3

**步骤 1** 选择"滤镜"→"图案生成器"菜单，打开"图案生成器"对话框，在该对话框的工具箱中选择矩形选框工具，然后在图中画出一个矩形选区以选择要使用的图案。

**步骤 2** 单击"生成"按钮，即可得到平铺效果，此时的"生成"按钮为"再次生成"按钮，重复单击"再次生成"按钮，可以获得不同的图案效果。

**步骤 3** 设置完成后，单击"确定"按钮，关闭"图案生成器"对话框。

### 14.2.3 消失点滤镜

"消失点"滤镜，它允许用户对包含透视面的图像（建筑物侧面和任何矩形对象）进行编辑，并使图像保持原来的透视效果。

下面使用该滤镜去除照片中的人物来具体介绍其用法。

**步骤 1** 打开本书配套光盘"素材与实例"→"Ph14"→"2.jpg"文件，如图 14.4 所示。

图 14.4

**步骤 2** 选择"滤镜"→"消失点"菜单，打开"消失点"对话框。在对话框中，选择创建平面工具，并在对话框上边属性栏中设置"网格大小"为 100。然后在预览窗口单击，定义 4 个点，释放鼠标后即可确定一个网格。

**提示：** 在使用创建平面工具定义透视网格的角点时，可通过按 Backspace 键或者 Delete 键来删除节点（如果添加的角点不正确，可以将其删除）。

**步骤 3** 选择编辑平面工具，将光标放置在网格的上边，单击并向上拖动鼠标，改变网格的高度。

**提示：** 如果在创建平面网格时，出现了红色或黄色框线，这表示所创建的透视平面为不正确的透视角度，需要进行调整。

**步骤 4** 选择左侧工具箱中的选框工具，在其属性栏中设置相关参数。然后在创建的网格内单击并拖动绘制选区。将光标移至选区内，按住 Alt 键，并按下鼠标左键，向上拖动光标至目标位置时，释放鼠标即可将目标图像覆盖。

**步骤 5** 选择图章工具，设置相关参数，按住 Alt 键，单击定义参考点。再将光标移至目标区域单击，即可覆盖不需要的图像。

**步骤6** 参照相同的方法，将不需要的图像区域覆盖。这里值得注意的是，定义参考点时，在需要覆盖的图像周围定义参考点。

**步骤7** 如果对编辑的效果满意，单击"确定"按钮关闭对话框，此时可看到人物不见了，并且还保持了台阶原有的透视效果，如图14.5所示。

图 14.5

**提示：**若对处理的效果不满意，在关闭对话框前，按住 Alt 键，此时"取消"按钮将变为"复位"，单击"复位"按钮，即可将图像恢复到初始状态。

对话框中其他参数的意义如下：

1. 画笔工具

使用该工具可在图像上使用选定的颜色来修复图像。

➢ 双击属性栏中的"画笔颜色"按钮，可通过打开的"拾色器"对话框选择一种颜色，或者使用吸管工具在预览图像中选择所需的颜色。

➢ 要使用混合模式修复图像，可通过在"修复"选项下拉菜单中选取合适的模式。选择"关"表示修复区域的边缘不与周围像素的颜色、阴影和纹理相混合：选择"开"表示修复区域的边缘将与周围像素的颜色、光照和阴影相混合。

2. 变换工具

选择该工具后，可对定义的矩形框进行缩放、旋转和移动浮动操作。它的作用类似于在矩形选区上使用"自由变换"命令。

3. 吸管工具

使用该工具在预览图像中单击，可将单击处的像素应用于绘画的颜色。

4. 缩放工具

选择该工具后，可在预览窗口中放大/缩小图像的显示效果。

5. 抓手工具

选择该工具可在预览窗口中移动图像。

# 14.3　Photoshop 内置滤镜概览

为了便于读者更好地使用滤镜，本节将分类介绍 Photoshop 各种内置滤镜的特点，并给出一些典型滤镜的效果。

### 14.3.1　像素化滤镜

"像素化"滤镜主要用来将图像分块或将图像平面化，这类滤镜常常会使得原图像面目全非。这类滤镜共有 7 个，如图 14.6 所示。

> **"彩块化"滤镜：**该滤镜可以制作类似宝石刻画的色块。执行时，Photoshop 会在保持原有轮廓的前提下，找出主要色块的轮廓，然后将近似颜色兼并为色块。

> **"彩色半调"滤镜：**该滤镜可模仿产生铜版画效果，即在图像的每一个通道扩大网点在屏幕上的显示效果。在该滤镜对话框中，可设定"最大半径"与"网角"（决定图像每一原色通道的网点角度）。

> **"晶格化"滤镜：**该滤镜使相近有色像素集中到一个像素的多角形网格中，以使图像清晰化。该滤镜对话框中只有一个"单元格大小"选项，可用于决定分块的大小。

> **"点状化"滤镜：**该滤镜的作用与"晶体化"滤镜大致相同，不同之处在于"点状化"滤镜还在晶块间产生空隙，空隙内用背景色填充，它也通过"单元格大小"选项来控制晶块的大小。

> **"碎片"滤镜：**该滤镜把图像的像素复制
4 次，将它们平均和移位，并降低不透明度，产生一种不聚焦的效果，该滤镜不设对话框。

> **"铜板雕刻"滤镜：**该滤镜在图像中随机产生各种不规则直线、曲线和虫孔斑点，模拟不光滑或年代已久的金属板效果。

> **"马赛克"滤镜：**该滤镜把具有相似色彩的像素合成更大的方块，并按原图规则排列，模拟马赛克的效果。

| 上次滤镜操作(F) | Ctrl+F |
|---|---|
| 抽出(X)... | Alt+Ctrl+X |
| 液化(L)... | Shift+Ctrl+X |
| 图案生成器(P)... | Alt+Shift+Ctrl+X |
| 像素化 | ▶ |
| 扭曲 | ▶ |
| 杂色 | ▶ |
| 模糊 | ▶ |
| 渲染 | ▶ |
| 画笔描边 | ▶ |
| 素描 | ▶ |
| 纹理 | ▶ |
| 艺术效果 | ▶ |
| 视频 | ▶ |
| 锐化 | ▶ |
| 风格化 | ▶ |
| 其他 | ▶ |
| Digimarc | ▶ |

图 14.6

### 14.3.2　扭曲滤镜

"扭曲"滤镜的主要功能是按照各种方式在几何意义上扭曲一幅图像，如非正常拉伸、扭曲等，产生模拟水波、镜面反射和火光等自然效果。它们的工作手段大多是对色彩进行位移或插值等操作。这类滤镜共有 13 种，如图 14.7 所示。

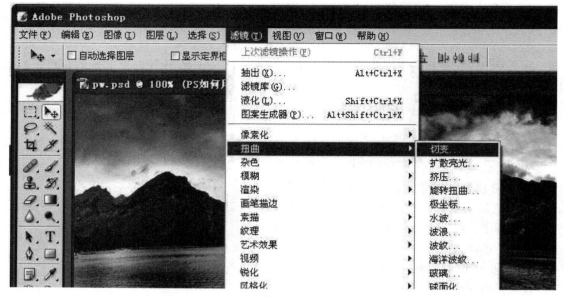

图 14.7

➤ **"切变"滤镜**：该滤镜允许用户按照自己设定的弯曲路径来扭曲一幅图像。在其设置对话框中，单击曲线并拖动可改变曲线形状，利用"未定义区域"选项组可以选择一种对扭曲后所产生的图像空白区域的填补方式。

➤ **"扩散亮光"滤镜**：该滤镜可使图像产生一种光芒漫射的亮光效果。在该滤镜对话框中有 3 个选项："粒度"用于控制扩散亮光中的颗粒密度；"发光量"用于控制扩散亮光强度；"清除数量"用于限制图像中受滤镜影响的范围，值越大，受影响的区域越小。

➤ **"挤压"滤镜**："挤压"滤镜可以将整个图像或选区内的图像向内或向外挤压，产生一种挤压的效果。该滤镜只有一个"数量"选项，变化范围为 – 100 ~ 100，正值时向内凹进，负值时往外凸出。

➤ **"旋转扭曲"滤镜**：该滤镜可产生旋转的风轮效果，旋转中心为图像中心。该滤镜对话框中只有一个"角度"选项，变化范围为 – 999 ~ 999，负值表示逆时针扭曲，正值表示顺时针扭曲。

➤ **"极坐标"滤镜**：该滤镜可以将图像坐标从直角坐标系转化成极坐标系，或者将极坐标系转化为直角坐标系。

➤ **"水波"滤镜**：该滤镜按各种设定产生锯齿状扭曲，并将它们按同心环状由中心向外排列，产生的效果就像荡起阵阵涟漪的湖面图像一样。在该滤镜对话框中可以设定产生波纹的"数量"，即波纹的大小，范围为 – 100 ~ 100，负值时产生下凹波纹，正值产生上凸波纹。"起伏"选项用于设定波纹数目，范围为 1 ~ 20，值越大，产生的波纹越多。

➤ **"波浪"滤镜**：该滤镜可根据用户设定的不同波长产生不同的波动效果。执行该滤镜将打开"波浪"滤镜对话框，从中可设置生成器数、波长、波幅、比例和类型等选项。

➤ **"波纹"滤镜**：该滤镜可以产生水纹涟漪的效果。在该滤镜对话框中，"数量"选项可以控制水纹的大小；在"大小"列表框中可选择 3 种产生波纹的方式，即"小""中""大"。

➤ **"海洋波纹"滤镜**：该滤镜模拟海洋表面的波纹效果，波纹细小，边缘有较多抖动。

在其对话框中可以设定"波纹大小"和"波纹幅度"。

➢ **"玻璃"滤镜**：该滤镜用来制造一系列细小纹理，产生一种透过玻璃观察图片的效果。在该滤镜对话框中，"扭曲度"和"平滑度"选项可用来平衡扭曲和图像质量间的矛盾，还可确定纹理类型和比例。

➢ **"球面化"滤镜**：该滤镜与"挤压"滤镜的效果极为相似，其对话框中的设置也差不多，只是比"挤压"滤镜多了一个"模式"列表框，其中可以选择 3 种挤压方式，即"正常""水平优先"和"垂直优先"。

➢ **"置换"滤镜**：该滤镜会根据"置换图"中的像素不同色调值来对图像变形，从而产生不定方向的移位效果，它是所有滤镜中最难理解的一个滤镜。该滤镜变形、扭曲的效果无法准确地预测，这是因为该滤镜需要两个图像文件才能完成。这两个文件一个是进行"置换"变形的图像文件，另一个则是决定如何进行"置换"变形的文件（这个充当模板的图像通常称为"置换图"，它只能是 .psd 格式文件）。执行"置换"滤镜时，它会按照这个"置换图"的像素颜色值，对源图像文件进行变形。

➢ **"镜头校正"滤镜**：利用它可修复常见的镜头变形失真的缺陷，如桶状变形和枕形失真、晕影及色彩失常等。在其对话框中，可以设置"移动扭曲""色差""晕影"及"变换"等参数。

### 14.3.3　杂色滤镜

Photoshop 提供了 5 种杂色滤镜："中间值""去斑""添加杂色""蒙尘与划痕"和"减少杂色"。其中"添加杂色"用于增加图像中的杂色，其他均用于去除图像中的杂色，如扫描输入图像常有的斑点和折痕，如图 14.8 所示。

➢ **"中间值"滤镜**：该滤镜用斑点和周围像素的中间颜色作为两者之间的像素颜色来消除干扰。该滤镜对话框只有一个"半径"选项，变化范围为 1～100 像素，值越大，融合效果越明显。

➢ **"去斑"滤镜**：该滤镜的作用主要是消除图像（如扫描输入的图像）中的斑点，其原理是，该滤镜会对图像或者是选区内的图像稍加模糊，来遮掩斑点或折痕。执行"去斑"滤镜能够在不影响源图像整体轮廓的情况下，对细小、轻微的斑点进行柔化，从而达到去除杂色的效果。若要去除较粗的斑点，则不适宜使用该滤镜。

➢ **"添加杂色"滤镜**：该滤镜可随机地将杂色混合到图像中，并可使混合时产生的色彩有慢散效果。

**提示**：一般情况下，可反复执行"去斑"滤镜去除杂色。

➢ **"蒙尘与划痕"滤镜**：该滤镜会搜索图片中的缺陷并将其融入周围像素中，对于去除扫描图像中的杂点和折痕效果非常显著。在该滤镜对话框中，"半径"选项可定义以多大半径的缺陷来融合图像，变化范围为 1～100，值越大，模糊程度越大。"阈值"选项决定正常像素与杂点之间的差异，变化范围为 0～255，值越大，所能容许的杂纹就越多，去除杂点的效果就越弱。通常设定"阈值"为 0～128 像素，效果较为显著。

➢ **"减少杂色"滤镜**：它主要是用来去除照片中或 JPG 图像中的杂色。在该滤镜对话框中，可以设置"强度""保留细节""减少杂色"和"锐化细节"等参数来控制减少杂色的数量。

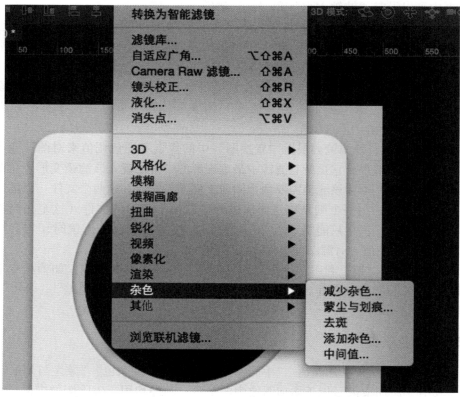

图 14.8

### 14.3.4 模糊滤镜

"模糊"滤镜是一组很常用的滤镜。其主要作用是削弱相邻像素间的对比度，达到柔化图像的效果。"模糊"滤镜包含 11 种滤镜，如图 14.9 所示。

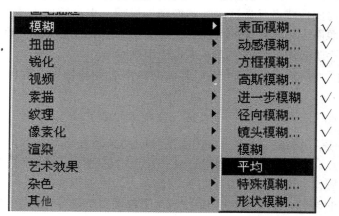

图 14.9

➢ **"动感模糊"滤镜**：该滤镜在某一方向对像素进行线性位移，产生沿某一方向运动的模糊效果。执行该滤镜时，系统将打开"动感模糊"对话框，其中有两个选项，"角度"用于控制动感模糊的方向；"距离"文本框可设定像素移动的距离。它的变化范围为 1 ~ 999 像素，值越大，模糊效果越强。

➢ **"径向模糊"滤镜**：该滤镜能够产生旋转模糊或放射模糊效果。执行该命令时，系统将打开"径向模糊"对话框，利用该对话框可设置中心模糊、模糊方法（旋转或缩放）和品质等。

➢ **"平均"滤镜**：该滤镜将使用整个图像或某选定区域内的图像的平均颜色值来对其进行填充，从而使图像变为单一的颜色。

➢ **"模糊"滤镜**：该滤镜可以用来光滑边缘过于清晰或对比度过于强烈的区域，产生模糊效果来柔滑边缘。该滤镜没有设计对话框。

➢ **"特殊模糊"滤镜**：该滤镜与其他模糊滤镜相比，是能够产生一种清晰边界的模糊方式。在该滤镜的设置对话框中，可以设置"半径""阈值""品质"和"模式"。其中，在"模式"选项的列表框中可以选择"正常""边缘优先"和"叠加边缘" 3 种模式来模糊图像，从而产生 3 种不同的特效。

➢ **中心模糊**：设定模糊从哪一点开始，即当前模糊区域的中心位置。设定时，只要将鼠标移动到"中心模糊"预览框中单击鼠标拖动即可。

➢ **"进一步模糊"滤镜**：该滤镜同"模糊"滤镜一样可以使图像产生模糊的效果，但所产生的模糊程度不同。相对而言，"进一步模糊"滤镜所产生的模糊是"模糊"滤镜的 3 ~ 4 倍。

➢ **"镜头模糊"滤镜**：该滤镜可模拟各种镜头景深产生的模糊效果。

➢ **"高斯模糊"滤镜**：该滤镜可选择模糊的图像，并且可以设置模糊半径。数值越小，模糊效果越弱。

**提示**："高斯模糊"滤镜应用非常广泛，大部分用户都喜欢用它来制作图像模糊效果，这是因为该滤镜可以让用户自由控制模糊程度。

➢ **"形状模糊"滤镜**：它是用指定的图形作为模糊中心进行模糊。

➢ **"方框模糊"滤镜**：它是基于相邻像素的平均颜色值来模糊图像。

➢ **"表面模糊"滤镜**：它在模糊图像时保留图像边缘，可用于创建特殊效果，以及消除杂色或颗粒。

### 14.3.5　渲染滤镜

"渲染"滤镜能够在图像中产生光照效果和不同的光源效果（如夜景）。由于这类滤镜使用较多，而使用又比较复杂，因此，重点介绍这类滤镜的特点和用法，如图 14.10 所示。

➢ **"云彩"和"分层云彩"滤镜**：这两个滤镜的主要作用是生成云彩，但两者产生云彩的方法不同。执行"云彩"滤镜会将原因全部覆盖。而"分层云彩"滤镜则是将图像进行"云彩"滤镜处理后，再反执行反相命令，不会覆盖原图。

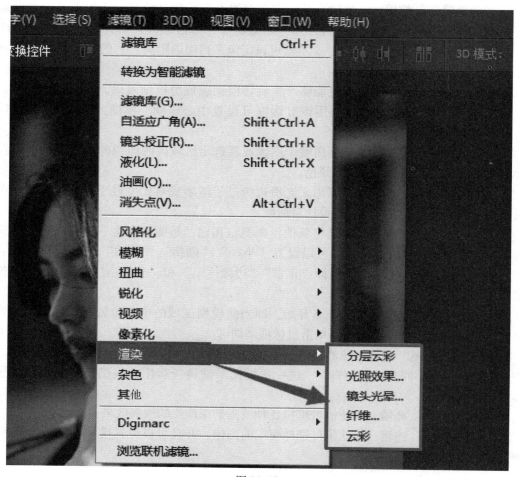

图 14.10

**提示**：执行"云彩"或"分层云彩"滤镜后，可以连续按 Ctrl + F 组合键重复执行，每次都会随机得到不同的云彩效果。

➤ **"光照效果"滤镜**：该滤镜的主要作用是产生光照效果。

➤ **"镜头光晕"滤镜**：该滤镜可在图像中生成摄像机镜头眩光效果，用户还可手工调节眩光位置。在该滤镜设置对话框中可以设定"亮度"（变化范围为 10% ~ 300%，值越高，反向光越强）、"光晕中心"和"镜头类型"，其中 105 mm 的聚焦镜所产生的光芒较强。

### 14.3.6 画笔描边滤镜

"画笔描边"滤镜包括"喷溅""喷色描边""强化的边缘""成角的线条""墨水轮廓""深色线条""烟灰墨"和"阴影线"8 种滤镜，它们的主要作用是利用不同的油墨和画笔勾画图像，产生涂抹的艺术效果，如图 14.11 所示。

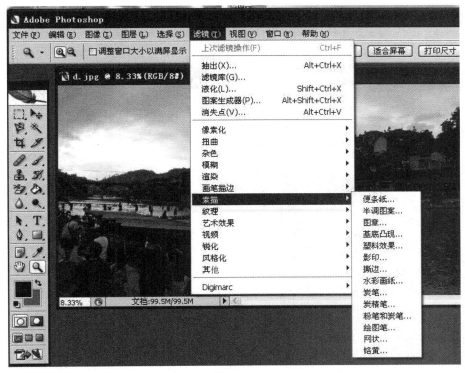

图 14.11

### 14.3.7　素描滤镜

"素描"滤镜主要用来模拟素描或手绘外观。这类滤镜可以在图像中加入底纹而产生三维效果。"素描"滤镜中大多数的滤镜都要配合前景色和背景色来使用，因此，前景色与背景色的设定将对该类滤镜效果起决定作用。这类滤镜共有 14 种，如图 14.12 所示。

➢ **"便条纸"滤镜**：该滤镜可以产生类似浮雕的凹陷压印图案。该滤镜也用前景色和背景色来着色。

➢ **"半调图案"滤镜**：该滤镜使用前景色和背景色在当前图案中产生网板图案。在其对话框中可设定"大小""对比度"和"图案类型"；图案类型有"环""点"和"线" 3 种。

➢ **"图章"滤镜**：该滤镜模拟图章作画的效果，类似于"影印"滤镜，但没有"影印"滤镜清晰。

➢ **"基底凸现"滤镜**：该滤镜主要用来制造粗糙的浮雕效果，就像岩石中的化石终于重见天日一样。

➢ **"塑料效果"滤镜**：该滤镜可以产生塑料绘画效果。

➢ **"影印"滤镜**：该滤镜用来模拟阴影效果，处理后的图像高亮区显示前景色，阴暗色显示背景色。

➢ **"撕边"滤镜**：该滤镜可在前景、背景和图像的交界处制作溅射分裂效果。

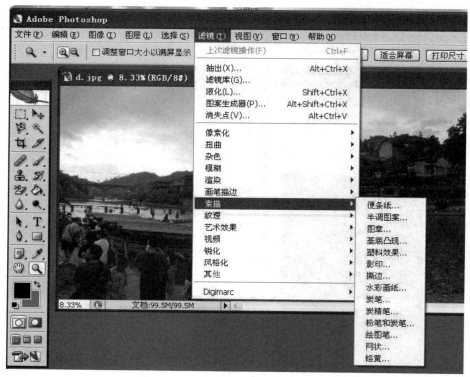

图 14.12

➤ **"水彩画纸"滤镜**：该滤镜是"素描"类滤镜中唯一能大致保持原图色彩的滤镜。该滤镜能产生画面浸湿、纸张扩散的效果。在其对话框中可设定"纤维长度""亮度"和"对比度"3 个选项。

➤ **"炭笔"滤镜**：该滤镜可以产生炭笔画的效果。在执行此滤镜时，同样需设定前景色与背景色。

➤ **"炭精笔"滤镜**：在图像上模拟浓黑和纯白的炭精笔纹理。

➤ **"粉笔和炭笔"滤镜**：该滤镜模拟用粉笔和木炭作为绘画工具绘制图像，经它处理的图像显示前景色、背景色和中间灰。

➤ **"绘图笔"滤镜**：该滤镜可产生一种素描画的效果，它使用的墨水颜色也是前景色。

➤ **"网状"滤镜**：该滤镜可以制作网纹效果，使用时需要设定前景色和背景色。

➤ **"铬黄"滤镜**：该滤镜可以产生一种液态金属效果。该滤镜的执行无须设定前景色和背景色。

### 14.3.8 纹理滤镜

"纹理"子菜单下共有 6 个滤镜，它们的主要功能是在图像中加入各种纹理，常用于图像的凹凸纹理和材质效果，如图 14.13 所示。

➤ **"拼缀图"滤镜**：该滤镜将图像分为一个个规则排列的方块，每个方块内的像素颜色平均值作为该方块的颜色，产生一种建筑上贴瓷砖的效果。

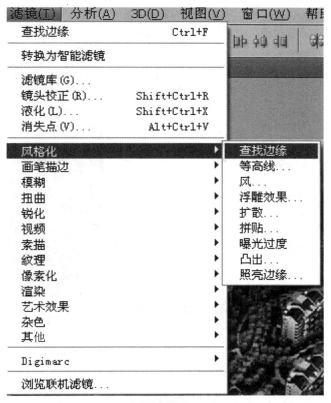

图 14.13

➢ **"染色玻璃"滤镜**：该滤镜用于产生不规则分离的彩色玻璃格子，格子内的颜色则用该处像素颜色的平均值来确定。

➢ **"纹理化"滤镜**：该滤镜的主要功能是在图中加入各种纹理。通过其对话框可以设定"纹理""缩放""凸现"及"光照"4 个选项。当在"纹理"列表框中选择"载入纹理"选项时，Photoshop 会打开一装载对话框，要求选择一个 *.psd 文件作为产生纹理的模板。

➢ **"颗粒"滤镜**：该滤镜在图像中随机加入不规则的颗粒，按规定的方式形成各种颗粒纹理。在其对话框中可以设定"强度""对比度"和"颗粒类型"。在"颗粒类型"列表中共有 10 种类型。

➢ **"马赛克拼贴"滤镜**：该滤镜可以产生马赛克拼贴的效果。通过其对话框可以设定"拼贴大小""缝隙宽度"（即拼贴间隙的宽度，一般以相邻像素的暗色表示）和"加亮缝隙"（即调整拼贴缝隙间颜色的亮度）。

➢ **"龟裂缝"滤镜**：该滤镜以随机方式在图像中生成龟裂纹理，并能产生浮雕效果。

## 14.3.9 艺术效果滤镜

这组滤镜的主要作用是对图像进行艺术效果处理，产生精美艺术品般的效果。该组滤镜只能用于 RGB 和多通道模式的图像，如图 14.14 所示。

图 14.14

> **"塑料包装"滤镜**：经"塑料包装"滤镜处理后的图像周围好像蒙着一层塑料一样。在其设置对话框中可以设定 3 个选项，即"高光强度""细节"和"平滑度"。

> **"壁画"滤镜**：该滤镜能使图像产生壁画效果。在该滤镜对话框中可设定"画笔大小""画笔细节"和"纹理"。

> **"干画笔"滤镜**：该滤镜可使图像产生一种不饱和干枯的油画效果。其对话框中的各选项设置与"壁画"滤镜相同。

> **"底纹效果"滤镜**：该滤镜可以根据纹理的类型和色值产生一种纹理喷绘的效果。与"粗糙蜡笔"滤镜对话框的设置相同，但其效果不同。

> **"彩色铅笔"滤镜**：该滤镜模拟美术中彩色铅笔绘图的效果。

> **"木刻"滤镜**：该滤镜用于模拟木刻效果。在该滤镜对话框中可以调整"色阶数""边缘简化度"和"边缘逼真度"等。

> **"水彩"滤镜**：该滤镜可以产生水彩画的绘制效果。

> **"海报边缘"滤镜**：该滤镜自动追踪图像中颜色变化剧烈的区域，并在边界上填入黑色的阴影。

> **"海绵"滤镜**：使用该滤镜可以给图像造成画面浸湿的效果。

> **"涂抹棒"滤镜**：该滤镜可以模拟手指涂抹的效果。

> **"粗糙蜡笔"滤镜**：该滤镜可以在图像中填入一种纹理，从而产生纹理浮雕的效果。

> **"绘画涂抹"滤镜**：该滤镜可以产生涂抹的模糊效果。

> **"胶片颗粒"滤镜**：该滤镜在产生一种软片颗粒纹理效果的同时，增亮图像并加大其反差。

> **"调色刀"滤镜**：该滤镜可以使相近颜色融合，产生大写意的笔法效果。在该滤镜对话框中可以设定"描边大小""描边细节"和"软化度"。

> **"霓虹灯光"滤镜**：该滤镜可以产生霓虹灯光照效果，营造出朦胧的气氛。在该滤镜对话框中可以设定"发光大小""发光亮度"和"发光颜色"。单击"发光颜色"的颜色框，将打开"拾色器"对话框，从中可设定灯光颜色。

### 14.3.10 锐化滤镜

"锐化"滤镜主要通过增强相邻像素间的对比度来减弱或消除图像的模糊，达到清晰图像的效果。这类滤镜共有 5 种，如图 14.15 所示。

> **"USM 锐化"滤镜**：该滤镜在处理过程中使用模糊蒙版，以产生边缘轮廓锐化的效果。该滤镜是所有"锐化"滤镜中锐化效果最强的滤镜，它兼有"进一步锐化""锐化"和"锐化边缘"3 种滤镜的所有功能。

> **"锐化"和"进一步锐化"滤镜**：这两个滤镜的主要功能都是提高相邻像素点之间的对比度，使图像清晰。其不同之处在于"进一步锐化"滤镜比"锐化"滤镜的锐化效果更为强烈。

> **"锐化边缘"滤镜**：该滤镜仅仅锐化图像的轮廓，使不同颜色之间分界明显。也就是说，在颜色变化较大的色块边缘锐化，从而得到较清晰的效果，又不会影响图像的细节。

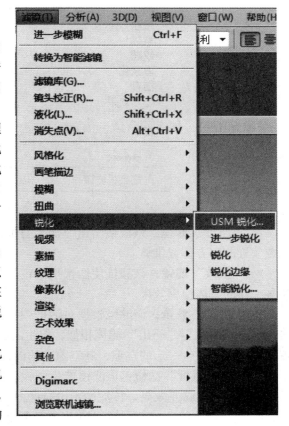

图 14.15

> **"智能锐化"滤镜**：它采用新的运算方法，可以更好地进行边缘探测，减少锐化后所产生的晕影，从而进一步改善图像边缘细节。

### 14.3.11　风格化滤镜

"风格化"滤镜的主要作用是移动选区内图像的像素，提高像素的对比度，产生印象派及其他风格化作品效果，这类滤镜共有9种，如图14.16所示。

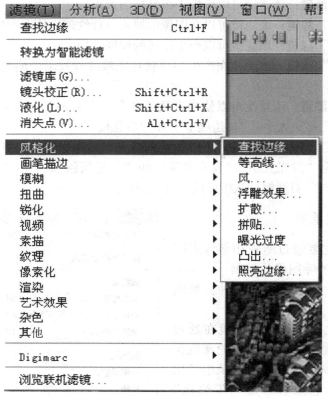

图 14.16

➢ **"凸出"滤镜**：该滤镜给图像加上叠加图像，即将图像分成一系列大小相同但有机重叠放置的立方体或锥体。

➢ **"扩散"滤镜**：该滤镜使像素按规定的方式有机移动，形成一种看似透过磨砂玻璃观察一样的分离模糊效果。

➢ **"拼贴"滤镜**：该滤镜根据对话框中指定的值将图像分成多块瓷砖状，从而产生拼贴效果。该滤镜与"凸出"滤镜相似，但生成的砖块的方法不同。"拼贴"滤镜作用后，在各砖块之间会产生一定的空隙，其空隙中的图像内容可在对话框中自由设定。

➢ **"曝光过度"滤镜**：该滤镜产生图像正片和负片混合的效果，类似摄影中增加光线强度产生的过度曝光效果。该滤镜不设对话框。

➢ **"查找边缘"滤镜**：该滤镜主要用来搜索颜色像素对比度变化剧烈的边界。将高反差区变亮，低反差区变暗，其他区域则介于两者之间，硬边变为线条，而柔边变粗，形成一个厚实的轮廓。

➢ **"浮雕效果"滤镜**：该滤镜主要用来产生浮雕效果，它通过勾画图像或所选取区域的轮廓和降低周围色值来生成浮雕效果。

➤ **"照亮边缘"滤镜：**该滤镜搜索主要颜色变化区域，加强其过渡像素，产生轮廓发光的效果。

➤ **"等高线"滤镜：**该滤镜与"查找边缘"滤镜类似，它沿亮区和暗区边界绘出一条较细的线。在其对话框中可以设定"色阶"和"边缘"产生方法（高于指定色阶或低于指定色阶）。

➤ **"风"滤镜：**该滤镜通过在图像中增加一些细小的水平线生成起风的效果。在其对话框中可以设定 3 种起风的方式，即"风""大风"和"飘风"，以及设定"方向"（从左向右吹还是从右向左吹），执行"风"滤镜的效果。

### 14.3.12　其他滤镜

此外，系统还提供给了"其他"滤镜组与"数字水印"滤镜组，其特点如下。

➤ **"其他"滤镜组：**这类滤镜有 5 个。主要作用是修饰某些细节部分，还可创作自己的特殊效果滤镜。

➤ **"Digimarc"数字水印滤镜组：**该类滤镜有 2 个。它们的主要作用是给 Photoshop 图像加入或阅读著作权信息。

## 14.4　使用外挂滤镜

Photoshop 除了自身所拥有的众多滤镜外，还允许用户安装第三方厂商所提供的外挂滤镜，利用这些外挂滤镜，用户可以制作出很多特殊效果。

### 14.4.1　安装外挂滤镜的方法

用户可以通过到软件市场购买或在网上下载的方式，获取外挂滤镜的安装程序。外挂滤镜的种类繁多，但其安装方法却是一样的。

➤ 对于简单的未带安装程序的滤镜，用户只需将相应的滤镜文件（扩展名为 .8BF）复制到 Program Files\Adobe\Photoshop\Plug – Ins\Filters 文件夹中即可。

➤ 对于复杂的带有安装程序的滤镜，在安装时，必须将其安装路径设置为 Program Files\Adobe\Photoshop\Plug – Ins\Filters。

**提示：**安装了外挂滤镜后，启动 Photoshop，这些滤镜将出现在滤镜菜单中，用户可以像使用内置滤镜那样使用它们。

### 14.4.2　典型的外挂滤镜

常见的外挂滤镜有 KPT、Eye Candy、PhotoTools，其中最负盛名的当然是 MetaTools 公司开发的 KPT 系列了，下面以 KPT 6.0 为例来介绍外挂滤镜的使用方法。

KPT 6.0 滤镜组中包括 KTP SkyEffects（天空效果）滤镜、KPT Gel（凝胶）、KPT Projector（放映机）滤镜、KPT Materializer（特殊浮雕、纹理）滤镜、KPT LensFlare（镜头光晕）等 10 个滤镜。

➤ KPT SkyEffects 滤镜：是一个专门用于生成各种天空场景的滤镜插件，可完美地再现神奇的大气变换，制作出晴空万里、夕阳西下、彩霞满天、乌云密布、霞光万丈和彩虹等多种天空效果。

➢ KPT Gel **滤镜**：是一个很有意思的滤镜，它可以绘制出类似凝胶涂抹在画面上的感觉，而且非常的真实。其对话框是满屏的对话框。

**提示**：其他外挂滤镜的使用方法不再详细介绍，用户在可以安装后自己尝试它们的使用方法。需要注意的是，KPT 系列外挂滤镜有 KPT3. 0、KPT6. 0、KPTCS2 等几种，不同的版本所包括的滤镜都是不同的。

## 14.5 上机实践——制作环保公益广告

“滤镜”特效的使用能为作品增色不少，本例将通过制作环保公益广告设计，来体验滤镜的魅力所在。

### 一、制作年轮

①新建一幅 500×500 像素的 RGB 白色图像，前景色（R：120，G：50，B：20），背景色（R：140，G：96，B：56）。

②新建图层 1，用背景色填充图层 1，如图 14. 17 所示。

③单击“滤镜”→“纹理”→“颗粒”，设强度 26%，对比度 16%，颗粒类型为水平，如图 14. 18 所示。

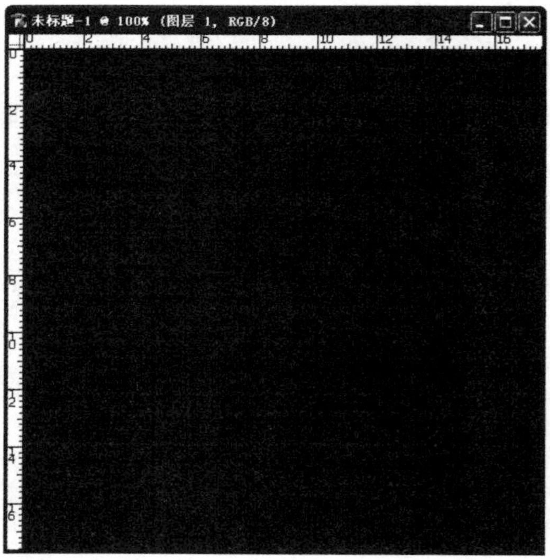


图 14. 17

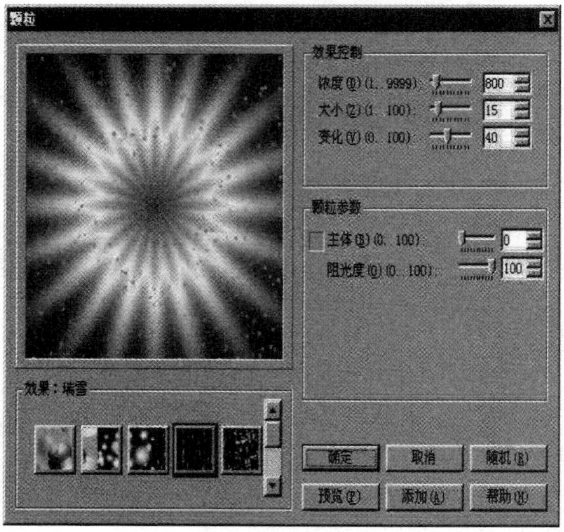


图 14. 18

④单击“滤镜”→“扭曲”→“波浪”，请参照图 14. 19，进行设置。

⑤单击“滤镜”→“扭曲”→“旋转扭曲”，角度为 20，如图 14. 20 所示。

⑥制作年轮。在图层 1 中木纹较好的地方选一正方形选区，单击“滤镜”→“扭曲”→“极坐标”，选平面坐标到极坐标，如图 14. 21 所示。

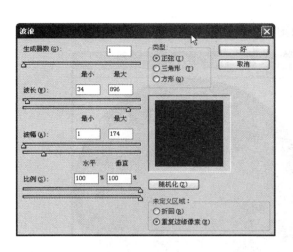

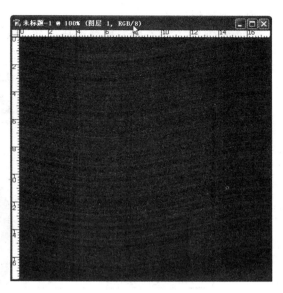

图 14.19　　　　　　　　　　　　　　　　　　　图 14.20

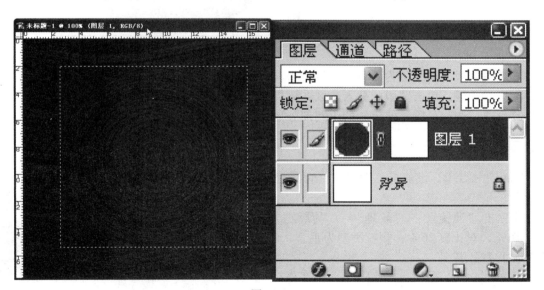

图 14.21

⑦按 Ctrl + J 组合键，复制选区中的图像到图层 2，删除或隐藏图层 1。

⑧用矩形选框工具在接缝处选一矩形，单击"滤镜"→"模糊"→"动感模糊"，角度为 0。

⑨用椭圆选框工具选中年轮部分，按 Ctrl + C 组合键；新建一幅 RGB 图像，将年轮粘贴到新文件中。

⑩选中年轮所在的图层 1，单击"图像"→"调整"→"色阶"，调整滑块，使整个图像变亮。

⑪按 Ctrl 键，同时单击图层 1 的年轮选区，单击"选择"→"修改"→"边界"，宽度

为 20，得环形选区。

⑫按 Ctrl + L 组合键，调整滑块，使选区变暗，因为树皮较暗。

⑬选中年轮，单击"调整色相"→"饱和度"，去除部分红色调。

⑭年轮的中心一般发白。为年轮图层添加图层蒙版，如图 14.22 所示。

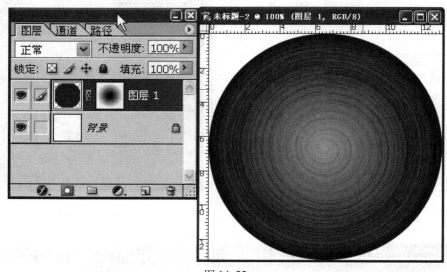

图 14.22

⑮选中蒙版，前景色为黑色，背景色为白色，从年轮中心拉一条径向渐变（由黑到白）。

⑯按 Ctrl 键，单击蒙版层载入选区，再扔掉蒙版层，目的是得到选区。

⑰反选，调整色阶，使年轮的中间部分加亮，变白。年轮制作成功。

## 二、制 作 树 皮

①新建图层 2，设前景色为黑色，背景色为（R：100，G：5，B：20）。以背景色填充图层 2。

②单击"滤镜"→"纹理"→"颗粒"，设强度 16%，对比度 26%，颗粒类型为垂直。此时画面看上去全黑。

③单击"滤镜"→"扭曲"→"旋转扭曲"，角度为 43。此时图像仍漆黑一片。

④全选图层 2，复制；打开通道面板，新建 Alpha1 通道，再粘贴图像到通道。

⑤调整色阶至通道中显示竖状条纹，如图 14.23 所示。

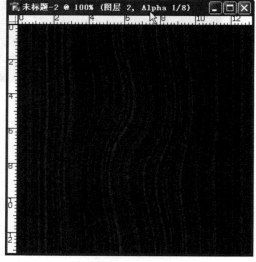

⑥回 RGB 通道，回图层 2，单击"滤镜"→"渲染"→"光照效果"，在纹理通道中选 Alpha1 通道。调整其他参数。

⑦调整色阶至图像中出现粗糙的竖状暗条纹。

图 14.23

⑧新建图层3，保持前景色与背景色不变，单击"滤镜"→"渲染"→"云彩"，并将图层3的混合模式改为颜色。

⑨利用以前学过的制作圆柱体的方法，将年轮图像和树皮图像制作面圆柱体的树桩，完成树桩的制作。

### 三、制作干裂的土地

①新建一幅 500×500 像素的 RGB 白色图像，前景色为橙色（R：255，G：180，B：0），背景色为深黄色（R：150，G：120，B：27）。

②新建并选中图层1，单击"滤镜"→"渲染"→"云彩"。

③单击"滤镜"→"杂色"→"添加杂色"，数量为32，高斯分布，单色。

④全选图层1，复制图像。

⑤打开通道面板，新建 Alpha1 通道，将复制的图像粘贴到通道。取消选区。

⑥调整色阶，使通道1中的图像变暗。输入色阶为（100，1，255）。

⑦回到 RGB 通道，选图层1，可进一步调整色阶。

⑧新建并选中图层2，前景色为黑色，背景色为白色，按 Ctrl + Delete 组合键，以背景色填充图层2。

⑨单击"滤镜"→"纹理"→"染色玻璃"，单元格大小为36，边框粗细为5，光照强度为0。

⑩复制图层2，产生图层2副本。

⑪选图层2副本，单击"滤镜"→"像素化"→"晶格化"，设单元格大小为9。

⑫单击"选择"→"色彩范围"，设"选择"为高光，选中图像中的白色区域。

⑬按 Delete 键清除白色区域，取消选区，如图 14.24 所示。

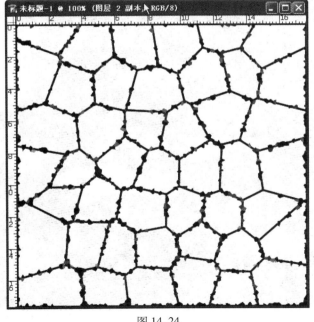

图 14.24

⑭将图层 2 副本的混合模式改为"正片叠底",图层的不透明度改为 70%。

⑮选中图层 2,单击"选择"→"色彩范围",设"选择"为高光,选中图像中的白色区域。按 Delete 键清除白色区域,取消选区。

⑯合并图层,并将图像保存为"干裂的土地",如图 14.25 所示。

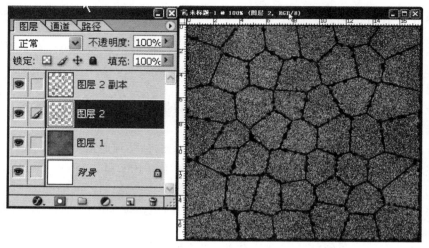

图 14.25

## 四、设计公益广告 (图 14.26)

图 14.26

## 14.6　学习总结

在 Photoshop 中，滤镜是一项非常强大的功能。Photoshop 提供了种类繁多的滤镜，同时，很多公司和电脑爱好者还为 Photoshop 开发了大量的外挂滤镜。不过，尽管滤镜使用起来非常简单，但要运用得恰到好处却并非易事。这里没有什么捷径，只能依靠用户在实践中多多积累。

通过本章的学习，读者可了解 Photoshop 滤镜的一般特点与使用规则，以及一些典型滤镜的用法。

# 第 15 章

## 图像处理自动化

● **知识要点**

- 图像优化
- 图像处理自动化
- Photoshop 与其他软件的结合

● **章前导读**

Photoshop 所提供的自动化功能，可让用户将编辑图像的许多步骤录制为一个动作，当需要对某些图像进行相同的处理（使用相同的处理命令和参数）时，即可执行该动作，这就相当于执行了其中包括的多条编辑命令。

另外，Photoshop 还可以与其他矢量绘图、3D 等软件结合使用，这样可以将各软件的功能发挥得淋漓尽致。

通过本章的学习，读者应掌握动作的使用、创建、修改、保存与加载方法，了解系统提供的一些典型的内置动作，以及与其他软件的结合使用方法。

## 15.1 图像优化

图像优化一般是服务于网页的，我们知道 Photoshop 的默认文件格式是 PSD，而这种格式的文件在网页上无法识别，所以，这就需要对图像进行适当的优化。图像优化的目的是最小限度地损伤图像品质，同时最大限度地减小图像的大小。

**提示：** 选择 "文件" → "存储 Web 所用格式" 菜单或者按下 Alt + Shift + Ctrl + S 组合键，在弹出的 "存储为 Web 所用格式" 对话框中可对图像进行优化参数设置。

对于不同的图像，要选择不同的格式来优化，在网页上常用的文件格式有三种，分别是jpg、gif 和 png。

➢ 对于色彩比较丰富的图像，一般优化成 jpg 格式。

➢ 对于大部分都是单色且色彩数量不太多的图像（如插画、标志），优化成 gif 格式是不错的选择。另外，如果想将图像优化成透明背景，也可以选择 gif 格式，但这种格式的图像只能包含 256 种颜色，所以在制作透明图时效果并不理想。

➢ png 格式是一种全新的文件格式，它具有 gif 和 jpg 格式的所有优点，可以优化成高质量的透明背景图像，一般用户在制作 Flash 中使用的透明图像时经常会用到它。但如果将png 格式的图像应用到网页中，在版本较低的浏览器中会无法识别。

## 15.2  图像处理自动化

用户在进行图像处理时，可能经常需要对某些图像进行相同的处理，这其中包括使用相同的处理命令和参数。如果每次都要重复这些步骤，就显得太复杂了。为此，Photoshop 提供了一种称为自动化的功能，用户可将编辑图像的许多步骤录制成一个"动作"，执行该动作，就相当于执行了多条编辑命令。

"动作"实际上是一组命令的组合。在 Photoshop 中，系统是以文件的形式来管理动作的（动作文件的扩展名为".atn"），每个文件可包含多个动作。因此，动作文件又被称为动作集合或动作序列。

**提示：**用户可利用"动作"调板查看、执行、录制动作，以及保存、加载动作文件等。要打开或关闭"动作"调板，可选择"窗口"→"动作"菜单，或者按 Alt + F9 键。

### 15.2.1  系统内置动作的使用

利用 Photoshop 提供的内置动作可轻松地制作各种底纹、边框、文本效果和图像效果等。下面通过一个实例说明其使用方法。

**步骤 1**  新建一个文档，打开"动作"调板，在"动作"调板中，在弹出的菜单中选择"画框"，载入"画框"动作文件。

**提示：**系统在"动作"调板中只显示了"默认动作"文件中的内容，通过从"动作"调板的控制菜单中选择相应命令可加载系统内置的其他动作。

**步骤 2**  在"动作"调板中单击"画框"左侧的"展开/折叠"按钮，展开"纹理"动作序列中的所有动作。

**提示：**通过单击项目"切换项目开/关"标志可允许/禁止执行命令，例如，对于某个动作而言，如果只希望执行其中的部分命令，则可通过单击该开关禁止执行该动作中的相应命令。

**步骤 3**  在"画框"动作序列中，选中"木质画框"，并单击该动作左边的按钮，此时，"木质画框"的下方将出现该动作包含的所有操作。

**步骤 4**  单击"动作"调板底部的"播放选定的动作"按钮，此时，将执行当前选定的动作完成后的图像效果。

### 15.2.2  录制、修改与执行动作

用户不仅可以执行系统内置的动作，还可以自己动手录制、修改动作，具体操作如下。

**步骤 1**  打开"动作"调板，单击调板底部的"创建新组"按钮，在打开的"新建组"对话框的"名称"编辑框中输入动作组文件的名称。然后单击"确定"按钮，新建一个动作组。

**提示：**一般情况下，录制动作之前，要新建一个动作组，以便与 Photoshop 系统内置的动作区分开。

**步骤 2**　在"动作"调板底部单击"创建新动作"按钮，设置新动作的属性，设置完成后，单击"记录"按钮开始录制动作。

**步骤 3**　在"历史记录"调板单击"创建新快照"按钮，为图像的当前状态创建新快照。

**提示：**在系统内置动作中，大多数动作的第1步都是创建快照，这样做的目的就是，若对结果不满意，可在"历史记录"调板中单击快照，撤销前面执行的动作。因此，用户在创建自己的动作时，最好也在第1步创建快照，以便更好地使用动作。

**步骤 4**　将前景色设置为白色，在工具箱中选择自定形状工具，在其工具属性栏中单击"形状图层"按钮，然后在"形状"下拉面板中选择"邮票2"。

**步骤 5**　自定形状工具属性设置好后，在图像窗绘制形状，此时系统自动生成"形状1"图层。

**步骤 6**　右键单击"形状1"图层，在弹出菜单中选择"栅格化图层"项，将"形状1"转换为普通图层。

**步骤 7**　选择工具箱中的魔棒工具，然后在"形状1"图层的外边空白位置单击，制作该区域的选区。

**步骤 8**　在"图层"调板中，将"图层1"置为当前图层，按 Delete 键，删除选区内图像。最后，按 Ctrl + D 组合键取消选区。

**步骤 9**　同时选中"图层1"和"形状1"图层，按 Ctrl + E 组合键，将它们合并为"形状1"。

**步骤 10**　单击"图层"调板底部的"添加图层样式"按钮，在弹出的菜单中选择"投影"，打开"图层样式"对话框。

**步骤 11**　选择工具箱中的横排文字工具，在其工具属性栏中设置合适的字体、字号及颜色，然后在图像窗口中输入文字。至此，"邮票效果"动作就制作完成了。

**步骤 12**　单击"动作"调板底部的"停止播放/记录"按钮，动作录制完成。

**提示：**在录制动作过程中，如果用户想在添加图层样式时更改样式的参数，用户可在"在当前图层中，设置图层样式"命令和下面增加一个"停止"命令，提示用户更改参数。

**步骤 13**　选择需在其后插入"停止"操作的"在当前图层中，设置图层样式"命令。单击"动作"调板右上角的按钮，在弹出的菜单中选择"插入停止"命令，在弹出的"记录停止"对话框中输入文字，作为以后执行到该"停止"命令时所显示的暂停对话框的提示信息。

**步骤 14**　设置完成后，单击"确定"按钮，在"在当前图层中，设置图层样式"动作命令的下方出现了一个"停止"命令。

**提示：**选中"允许继续"复选框，表示在以后执行该"停止"命令时所显示的暂停对话框中将显示"继续"按钮，单击该按钮可继续执行动作中"停止"命令后面的命令。

**步骤 15**　接下来把"邮票效果"动作应用到其他图像中。在"动作"调板中，选中"邮票效果"动作，然后单击调板底部的"播放选定的动作"按钮，执行到"停止"命令时。

**步骤 16**　单击"停止"按钮可暂时终止动作，在打开的"图层样式"对话框中对样式进行修改即可。修改完成后，在"动作"调板中，单击底部的"播放选定的动作"按钮，继续执行动作中的后续命令，完成了邮票效果的制作。

　　**提示：** 有时录制一个好的动作很不容易，所以在选中动作序列后，选择"动作"调板控制菜单中的"存储动作"命令，可以将其保存，通过在控制菜单中选择相应的命令还可以对动作进行复制、删除、替换、消除和复位等操作。

## 15.3　Photoshop 与其他软件的结合

　　平面设计的软件有很多，每个软件都有各自的强项，而 Photoshop 是一个非常优秀的位图处理软件。如果把 Photoshop 和矢量绘图、3D 等软件结合使用，那么在平面设计领域将能更轻松地应对各种挑战。

### 15.3.1　Photoshop 与 Illustrator 的结合

　　Illustrator 拥有强大的绘图功能及图形管理功能，可以制作出风格细腻的平面美术作品，是目前最优秀的矢量绘图软件之一。Illustrator 支持在 Photoshop 中存储的 EPS、AI、TIF 等文件格式，也就是说，用户可以把 Photoshop 中的图像保存后，导入 Illustrator 中使用。

### 15.3.2　Photoshop 与 Corel DRAW 的结合

　　Corel DRAW 也是优秀的矢量绘图软件之一。它可以支持在 Photoshop 中存储的 PSD、TIF 和 JPG 等格式的文件。同样，Photoshop 也支持 Corel DRAW 中导出的 TIF、JPG 和 AI 等格式的文件。如果想将 PSD 格式的文件在 Corel DRAW 中编辑，可以执行如下操作。
　　**步骤 1**　启动 Corel DRAW，按 Ctrl + N 组合键新建一个空白文档。
　　**步骤 2**　选择"文件"→"导入"菜单，选择任意一个 PSD 格式的文件，单击"导入"按钮，并且在其右下方显示了导入文件的对象信息和操作提示。
　　**步骤 3**　按住鼠标左键拖出一个虚线框，以确定被导入文件的显示大小，即可将 PSD 格式的文件导入 Corel DRAW 中编辑。

### 15.3.3　Photoshop 与 3ds max 的结合

　　3ds max 是一个制作三维效果图和三维动画的软件。在 3ds max 中可以将效果图导出为 JPG、TIF 和 BMP 等 Photoshop 支持的文件格式，然后在 Photoshop 中按 Ctrl + O 组合键将其打开，即可对图像进行编辑。

## 15.4　学习总结

　　本章主要介绍了 Photoshop 的一些辅助功能，如怎样对图像优化、系统内置动作的使用和录制、修改与执行动作的方法及 Photoshop 与其他软件的结合使用，在对 Photoshop 软件熟悉的基础上进一步提高了相关知识。其中，图像优化属于很常用的操作，其方法也比较简单，但如果想熟练地对各种不同图像优化得恰到好处，就需要实践经验的积累。

# 第 16 章

## 图像的输出与打印

● **知 识 要 点**

- 图像印前处理准备工作
- 图像的印前处理
- 图像的打印输出

● **章 前 导 读**

图像处理完成后，可以方便地将 Photoshop 与打印机等图像输出设置相连接，以通过这些设备将设计的作品打印或印刷出来。在打印或印刷输出前，还需要做一些与打印输出的作品质量有着密切关系的准备工作，如果有任何差错，都会影响到作品的质量。因此，图像的印前处理工作，对于从事平面设计工作人员来说，也是必须要了解的环节。

## 16.1　图像印前处理准备工作

图像创作完成后，用户可以根据需要将其打印或者印刷出来，这就需要用到 Photoshop 的打印与输出功能。

### 16.1.1　选择文件存储格式

在作品创作完成后，选择文件存储格式也是印前必须进行的准备工作。如果要对图像执行彩色印刷，需将其保存为 TIF 格式，以供出片或印刷使用。

### 16.1.2　选择图像分辨率

图像分辨率决定了图像的清晰度，同样大小的一幅图像，分辨率越高，图像就越清晰。如果制作的图像用于印刷，一般将分辨率设置为 300 像素/英寸或更高。

### 16.1.3　选择色彩模式

如果制作的图像要用于印刷，出片前必须将图像的颜色模式转换 CMYK 模式，以对应印刷时使用的四色胶片。

**提示**：由于 RGB 的色域大于 CMYK 的色域，因此，在将 RGB 模式图像转换为 CMYK 模式图像时，图像通常会变暗。

## 16.2　图像的印前处理

为了确保印刷作品的质量能达到用户需求，在打印输出图像前，必须对图像进行色彩校正、打样等工作。

### 16.2.1　图像的印前处理流程

对图像的印前处理工作流程大致分为如下几个操作步骤：

➢ 对图像进行色彩校正；

➢ 打印图像进行校稿；

➢ 再次打印进行二次校稿，修改直到定稿；

➢ 定稿后，将正稿送去出片中心进行出片打样；

➢ 校正样稿，确定无误后，送到印刷厂进行拼版、晒版、印刷。

### 16.2.2　色彩校正

通过选择"视图"→"校样设置"菜单中的子菜单项可选择校样颜色。通过选择"视图"→"校样颜色"命令的开关，可在屏幕上查看校样效果，如图16.1所示。

（a）　　　　　　　　　　　　　　　　（b）

图 16.1

如果选择"视图"→"色域警告"菜单，还可直接在屏幕上查看超出打印范围的颜色，如图16.2所示。在实际印刷时，图像中灰色部分将无法以显示效果打印。

### 16.2.3　打样和出片

在定稿后，打样和出片是印前的最后一个关键步骤。通过打样可检查图像的印刷效果，印刷厂在印刷时，将以打样结果为基准进行印刷调试。而出片是指由发排中心提供给印刷厂的四色胶片。

图 16.2

## 16.3 图像的打印输出

如果用户希望通过打印设备将图像按照一定的页面设置、格式等要求打印出来，就需要进行相关的打印设置，下面分别介绍。

### 16.3.1 设置打印参数

在打印图像之前，一般会根据实际需要设置打印的页面、份数等参数。

1. 页面设置

要设置页面参数，可按如下步骤进行。

**步骤1** 打开需要打印的文件，选择"文件"→"页面设置"菜单，此时系统将打开如图 16.3 所示的"页面设置"对话框，用户可通过该对话框设置纸张大小和打印方向（纵向或横向）等参数。

**步骤2** 要设置打印机的属性，可单击"打印机"按钮，此时系统会打开相应打印机的属性设置画面。

**步骤3** 设置完成后，单击"确定"按钮即可完成页面的设置。

2. 打印预览设置

对要打印的图像设置好页面参数后，还可以对图像进行打印预览，以查看图像在打印纸上的位置或设置缩放比。选择"文件"→"打印预览"菜单，打开"打印"对话框，单击预览窗口左下角的编辑框，从中选择"输出"，此时对话框如图 16.4 所示。

➢ **"图像居中"**：选中该复选框，图像将始终居中打印；若取消该复选框，则可以在预览窗口拖动鼠标改变图像的打印位置。

➢ **"较少选项"**：单击该选项，可隐藏其下方的参数设置区。

➢ **"背景"**：单击该按钮，可设置图像区域外打印的背景色。

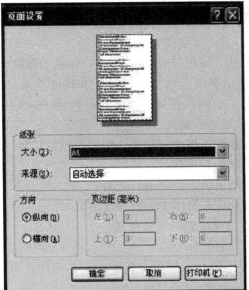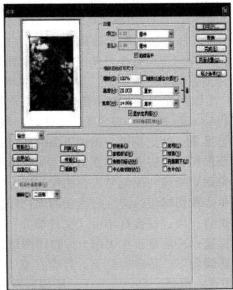

图 16.3

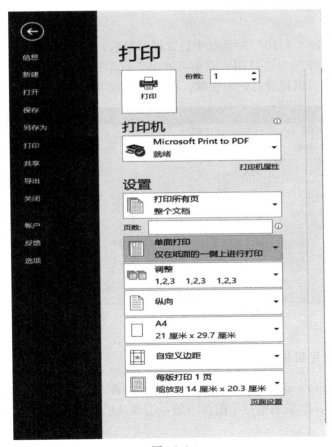

图 16.4

➢ **边界**：单击该按钮，可设置打印时为图像所加黑色边框的宽度。

➢ **出血**：设置打印图像"出血"宽度。所谓出血，是指印刷后的作品在经过裁切成成品的过程中，四条边上都会被裁去 3 mm 左右，这个宽度即被称为"出血"。

➢ **网屏**：用于设置半色调网频、角度和形状。该项只对 PostScript 打印机和印刷机有效。

➢ **传递**：定义转换函数，用于改变屏幕显示亮度值与打印色阶间的转换关系。通常用于补偿将图像传递到胶片时可能出现的网点补正或网点损耗。不过仅在使用 PostScript 打印机打印 Photoshop 格式或 EPS 格式文件时，该设置才有意义。

➢ **标准条**：决定是否在图像下方打印校正色标，以标记印刷使用的各原色胶片。

➢ **套准标记**：决定是否在图像四周打印形状的对准标记。

➢ **角裁切标记**：决定是否在图像四周打印裁剪线，以便进行裁剪。

➢ **中心裁切标记**：决定是否在四周打印边的中心打印中心裁剪线标记。

➢ **说明**：决定是否打印由"文件简介"对话框设置的图像标题。

➢ **标签**：决定是否在图像上方打印图像文件名。

➢ **药膜向下**：正常情况下，打印在纸上的图像是药膜朝上打印的，感光层正对着用户时文字可读。但是，打印在胶上的图像通常采用药膜朝下打印。

➢ **负片**：决定是否将图像反色后输出。

### 16.3.2　打印图像

在上一小节打开的"打印"对话框中设置好参数后，就可以打印图像了。单击"打印"按钮或直接选择"文件"→"打印"菜单可弹出"打印"对话框，如图 16.5 所示。在"份数"后面的文本框中可以设置打印的份数，单击"确定"按钮即可打印图像。

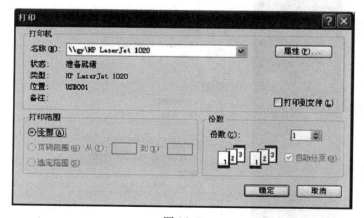

图 16.5

### 16.3.3　打印指定的图像

默认情况下，Photoshop 打印的图像以显示效果为准，也就是说，被隐藏图层的图像将不被打印出来，所以，如果需要打印图像中的一层或几层，只需要将这些图层显示，将其他图层隐藏即可。

**提示**：若当前图像中有选区，那么只打印选区内的图像。

### 16.3.4　打印多幅图像

Photoshop 提供了一次在同一张纸上打印多幅图像的功能，其方法是选择"文件"→"自动"→"联系表 II"菜单，系统弹出"联系表 II"对话框，单击"预览"按钮，在弹出的"浏览文件夹"对话框中选择图像所在的文件夹，在"缩览图"设置区中设置图像排列的行数和列数等参数，设置好后，单击"确定"按钮，文件夹中的图像将自动排列在一个或多个联系表文件中，如图 16.6 所示。对生成的图像效果满意后，即可进行打印。

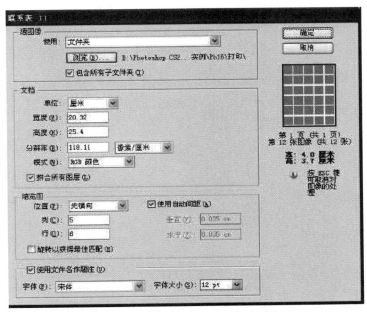

图 16.6

## 16.4　学习总结

　　本章主要介绍了图像印刷前应做的准备工作，还介绍了在印前应对图像做的处理，以及在 Photoshop 中设置打印参数和打印一幅、多幅或指定图像的方法。

　　需要提醒用户的是，在印刷之前通常将图像文件中的文字图像转换为普通图层，以免印刷机没有相关的字体而印不出文字。

# 第 17 章
# 综 合 案 例

## 17.1 利用各种滤镜效果制作小火球

1. 涉及的知识点

纹理滤镜、像素化滤镜、风格化滤镜、扭曲滤镜、模糊滤镜等。

2. 操作步骤

①选择"文件"→"新建"命令,新建 RGB 模式文档,"宽度"和"高度"为 300 像素,"分辨率"为 72 像素,"背景色"为黑色。

②设置前景色为白色,单击"椭圆工具"按钮,并按下 Shift 键,在画布偏右位置画一个圆。

③选择"滤镜"→"纹理"→"龟裂缝",弹出"龟裂缝"对话框,参数设置和预览效果如图 17.1 所示。

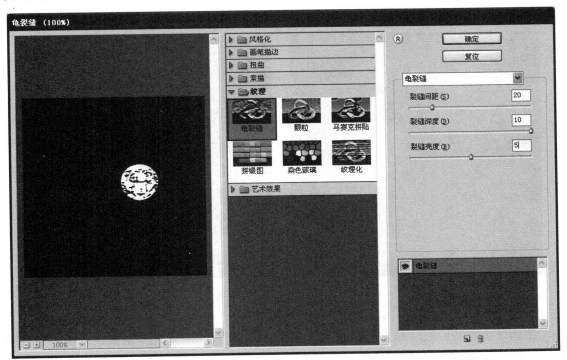

图 17.1

④选择"滤镜"→"像素化"→"晶格化"命令，弹出"晶格化"对话框，设置与效果如图 17.2 所示。

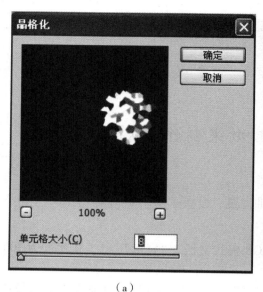

（a）

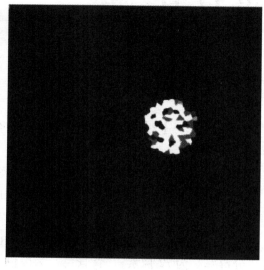

（b）

图 17.2

⑤两次选择"滤镜"→"风格化"→"风"命令，效果如图 17.3（a）所示。

⑥选择"图像"→"旋转画布"→"90 度（顺时针）"命令，将画布顺时针旋转，效果如图 17.3（b）所示。

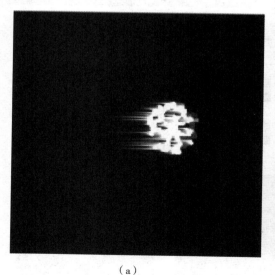

（a）

（b）

图 17.3

⑦选择"滤镜"→"扭曲"→"水波"命令，弹出"水波"对话框，设置参数如图 17.4（a）所示，效果如图 17.4（b）所示。

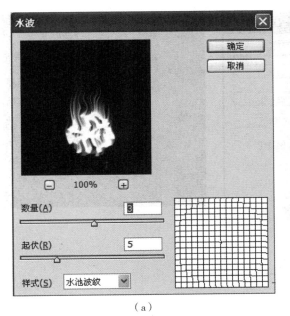

（a）

（b）

图 17.4

⑧选择"滤镜"→"模糊"→"高斯模糊"命令，在如图 17.5（a）所示的"高斯模糊"对话框中设置参数，效果如图 17.5（b）所示。

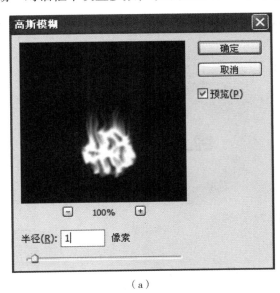

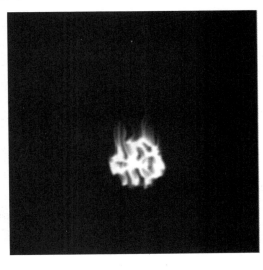

（a）

（b）

图 17.5

⑨选择"图像"→"模式"→"灰度"命令，选择"图像"→"模式"→"索引颜色"命令，对话框中参数默认。再选择"图像"→"模式"→"颜色表"命令，弹出"颜色表"对话框，在下拉菜单中选择"黑体"，如图 17.6（a）所示。

⑩小火球最终效果如图 17.6（b）所示。

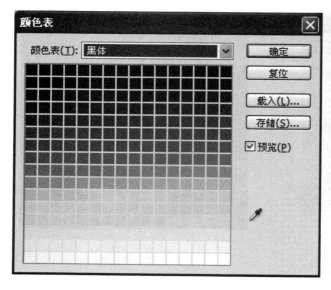

（a）

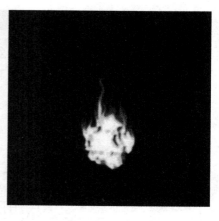

（b）

图 17.6

## 17.2 分别制作个性化按钮

效果如图 17.7 所示。

图 17.7

1. 涉及的知识点

定义图案、自定义形状、图案填充、椭圆选框工具、图层样式。

2. 操作步骤

①选择"文件"→"新建"命令，新建宽度为 200 px，高度为 200 px，背景色为"透明"，分辨率为 72 像素/英寸，RGB 模式图像文档。

②设置"前景色"为（R60，G200，B240），单击"自定形状工具"，在"工具选项栏"中单击"填充像素"按钮，在"形状"下拉列表中选中如图 17.8 所示的图案。

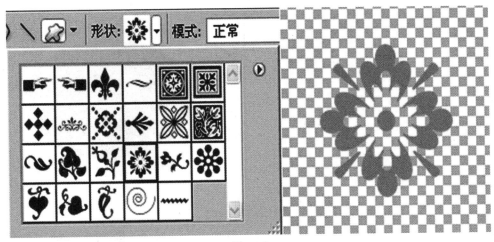

图17.8

③选择"编辑"→"定义图案"命令，在弹出的"图案名称"对话框中输入自定义图案的名称后，单击"确定"按钮确认，如图17.9所示。

图17.9

④选择"文件"→"新建"命令，新建宽度为300 px，高度为300 px，背景色为"白色"，分辨率为72像素/英寸，RGB模式图像文档。

⑤在"图层"调板中，新建"图层1"，单击"椭圆选框工具"，按住Shift键在工作窗口中绘制圆形选区，如图17.10（a）所示。设置"前景色"为（R0，G50，B100），按快捷键Alt + Delete对选区填充颜色，如图17.10（b）所示。

⑥选择"图层1"，单击"图层"调板底部"创建新的填充或调整图层"按钮，在下拉菜单中选择"图案"命令，并在如图17.11（a）所示的"图案填充"对话框中选择"图案1"，设置"缩放"为80%，单击"贴紧原点"按钮，图案效果如图17.11（b）所示，单击"确定"按钮后自动生成的图层如图17.11（c）所示。

⑦创建"图层2"，设置前景色为白色，单击"自定形状工具"，在"工具选项栏"中单击"填充像素"按钮，在"形状"下拉列表中选择图案。在图像工作窗口中创建如图17.12（a）所示的图像。

⑧在"图层"调板中选中"图层1"，选择"图层"→"图层样式"→"斜面与浮雕"命令，在"图层样式"对话窗口中设置"大小"为12像素，其他参数默认。单击"确定"按钮，图像效果如图17.12（b）所示，图层调板如图17.12（c）所示。

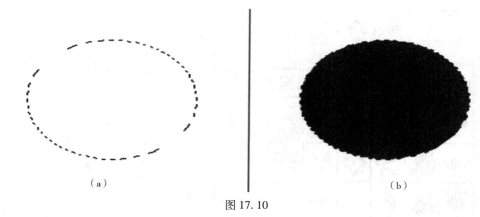

（a）　　　　　　　　　　　　（b）

图 17. 10

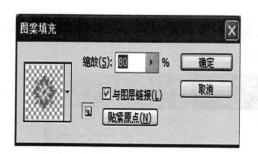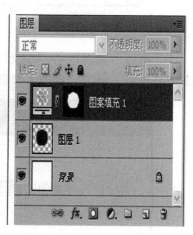

（a）　　　　　　　　　　　　（b）　　　　　　　　　　　　（c）

图 17. 11

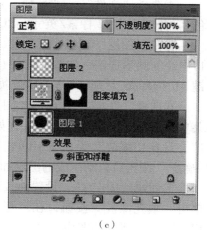

第二次添加图案　　　　　　　图像最终效果

（a）　　　　　　　　　　　　（b）　　　　　　　　　　　　（c）

图 17. 12

# 17.3　制作装饰画

最终效果如图 17.13 所示。

图 17.13

1. 涉及的知识点

渐变工具、缩放图像、贴入图像、设置参考线、选区的编辑、存储选区、载入选区、变换选区。

2. 操作步骤

①新建 RGB 模式文档，"宽度"为 300 px，"高度"为 200 px，"背景色"为白色，将其保存为"收获.psd"。

②将"前景色"设置为#EAAB3E，"背景色"设置为白色，在工具箱中选择"渐变工具"，在"工具选项栏"设置"从前景到背景"的"线性渐变"，按住 Shift 键，从上到下拖动鼠标填充渐变色，如图 17.14 所示。

图 17.14

③打开素材图像 02.jpg，选择"选择"→"全选"命令，或者按快捷键 Ctrl + A，将图

像中的像素全部选中，然后选择"编辑"→"拷贝"命令将图像中的像素复制。

④切换到"收获.psd"窗口，选择"编辑"→"粘贴"命令，将刚才复制的像素粘贴到文档中，形成一个新的图层。

⑤选择"编辑"→"变换"→"缩放"命令，缩放图层中粘贴的图像，直到其铺满整个窗口，并在窗口中双击鼠标以确认。

⑥选择"图层"→"图层样式"→"混合选项"命令，在弹出的"图层样式"对话框中设置"常规混合"下的"不透明度"为20%，并单击"确定"关闭对话框。

⑦背景的设置基本完成，现在来选取效果图中的扇形像素。选择"视图"→"新建参考线"命令，在"新建参考线"对话框中分别设置"垂直"为4.5厘米、"水平"为3.5厘米的参考线，绘制交叉的参考线。

⑧单击"椭圆选框工具"，在工具选项栏中设置"样式"为"固定大小"，"宽度"和"高度"都为150 px，单击画面，以参考线的交点为中心画出相应大小的正圆选区，图像和"图层"调板如图17.15所示。

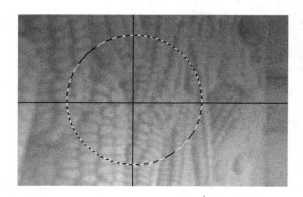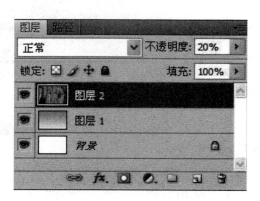

图 17.15

⑨单击"矩形选框工具"，在工具选项栏中单击"与选区交叉"按钮，如图17.16（a）所示，最终得到一个如图17.16（b）所示的90度扇形选区。

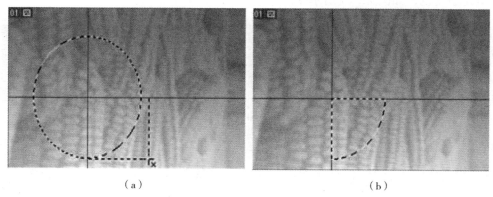

（a） （b）

图 17.16

⑩选择"选择"→"存储选区"命令，在弹出的"存储选区"对话框中，将扇形选区命名为"扇区"来保存。

⑪打开图片 04. jpg，按快捷键 Ctrl + A 将图片中的像素全部选中，然后按快捷键 Ctrl + C 复制像素。切换到"收获 . psd"窗口，移动选区到合适的位置，选择"编辑"→"贴入"命令，将所复制的像素粘贴到扇形选区中，如图 17.17（a）所示。

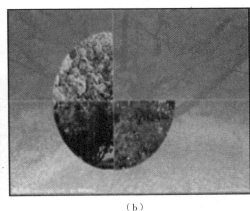

（a）　　　　　　　　　　　　　　　　　　（b）

图 17.17

⑫参照步骤⑩、⑪，继续载入保存的选区，变换选区，然后依次把图像"01. jpg""02. jpg""03. jpg"中的像素复制、粘贴到当前图像文档中，可以得到如图 17.17（b）所示的效果。

⑬单击"图层"调板底部"新建图层"按钮，新建一个图层。在工具箱中选择"单行选框工具"，绘制一像素选区，然后选择"选择"→"修改"→"扩展"，在弹出的对话框中设置参数为 3 px，得到如图 17.18 所示的效果。

图 17.18

⑭ 设置"前景色"为#815500，按快捷键 Alt + Delete，给选区填充前景色。

⑮单击"矩形选框工具"，在工具选项栏中单击"从选区中减去"按钮，然后绘制 2 个矩形选区。在工具选项栏中分别设置 2 个选区的"样式"为"固定大小"，"宽度"为

110 px、76 px，"高度"为 95 px、64 px。按快捷键 Alt + Delete，给选区填充前景色。按快捷键 Ctrl + D 取消选区，如图 17.19（a）所示。

⑯在工具箱中选择"单列选框工具"，绘制如图 17.19（b）所示的选区，再次"扩展"该选区。然后选择"矩形选框工具"，在工具选项栏中单击"从选区中减去"按钮，在图像右下方中绘制矩形选区，减去右下方的选区，最后的效果如图 17.19（c）所示。然后按快捷键 Alt + Delete 给选区填充前景色。

（a） （b） （c）

图 17.19

⑰参照步骤⑯绘制选区，并填充前景色，效果如图 17.20 所示。

⑱在工具箱中选择"横排文字工具"，在工具选项栏中设置"字体"为"华文行楷"，"大小"为 36 点，"颜色"为 #804909，输入文字"丰收"。选择"图层"→"图层样式"→"投影"命令，添加文字阴影，最后的效果如图 17.20 所示。

图 17.20

# 17.4　利用专色通道制作合成效果的图像

图像最终效果如图 17.21 所示。

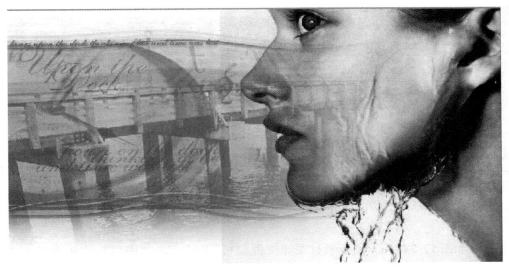

图 17.21

1. 涉及的知识点

图像翻转、专色通道、渐变工具、图层蒙版。

2. 操作步骤

①打开素材图像文件"脸庞.jpg"，选择"图像"→"图像旋转"→"水平翻转画布"命令将图像水平翻转。

②选择"图像"→"画布大小"命令，在弹出"画布大小"的对话框中设置如图 17.22（a）所示参数，单击"确定"按钮确认。将图像左边的空白区域增大，如图 17.22（b）所示。

（a）

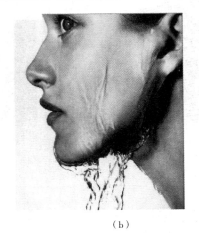

（b）

图 17.22

③在"脸庞.jpg"的"通道"调板上，单击右上角的菜单按钮，在弹出的菜单中选择"新建专色通道"命令，"通道"调板上就增加了一个"专色1"的通道，如图17.23（a）所示。再在如图17.23（b）所示的"新建专色通道"对话框中设置颜色为"#619FF4"，单击"确定"按钮，这样在"脸庞.jpg"上就新建了一个专色通道。

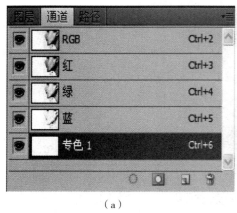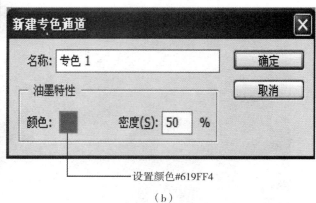

设置颜色#619FF4

（a）　　　　　　　　　　　　　　　　　　　　　（b）

图17.23

④打开如图17.24（a）所示素材图像文件"桥.jpg"，在"图层"调板中双击"背景层"，在弹出的"新建图层"对话框中单击"确定"按钮，可将"背景层"转换成可编辑的"图层0"。

⑤单击"图层"调板底部的"添加图层蒙版"按钮　，在工具箱中选择"渐变工具"按钮　，设置"前景色"为白色，"背景色"为黑色，然后从图像左边向右边拖曳鼠标，得到的效果如图17.24（b）所示。

⑥单击"图层"调板右上角的菜单按钮，在弹出的菜单中选择"拼合图像"命令，将蒙版与图像拼合，效果如图17.24（c）所示。至此，对"桥.jpg"的处理基本完成。

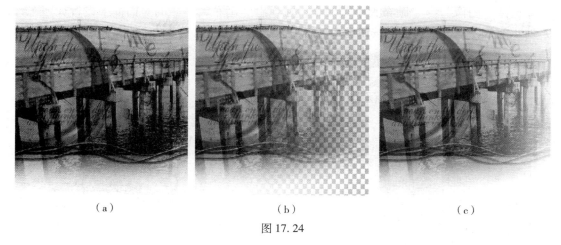

（a）　　　　　　　　　　　　　　　（b）　　　　　　　　　　　　　　　（c）

图17.24

⑦按快捷键Ctrl＋A选中"桥.jpg"的所有像素，再按快捷键Ctrl＋C将其复制到剪贴板中。切换到图像"脸庞.jpg"，并确认当前通道为刚才创建的"专色通道1"，按快捷键Ctrl＋V将剪贴板中的图像粘贴入其中，效果如图17.25（a）所示。

⑧选择"编辑"→"自由变换"命令，或按快捷键 Ctrl + T，将图像调整并移动到合适的位置，最终效果如图 17.25（b）所示。

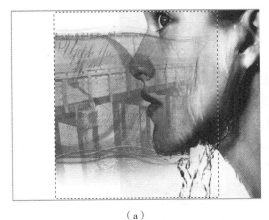

（a）　　　　　　　　　　　　　　（b）

图 17.25

# 17.5　手机 Banner

1. 涉及的知识点

油漆桶工具、形状的布尔运算、文字工具。

案例效果如图 17.26 所示。

图 17.26

2. 具体实现步骤

绘制背景填充图案：将绘制的图形设置为预设图案。

绘制背景：将预设的图案填充为背景。

置入素材"手机"：使用"钢笔工具"抠出"手机"。

调整素材"手机"：调整"手机"的大小和位置并绘制投影。

绘制主题带：使用"矩形工具"绘制矩形的主题带并调整其透视效果。

置入主题内容：使用"钢笔工具"抠出"QQ 会员"的企鹅形象，并对置入的主题内容进行细节的调整。

3. 案例实现

（1）绘制背景填充图案

①按 Ctrl + N 组合键，调出“新建”对话框。设置“宽度”为 8 像素、“高度”为 8 像素、“分辨率”为 72 像素/英寸、“颜色模式”为 RGB 颜色、“背景内容”为透明，单击“确定”按钮。

②选择“缩放工具”，将画布放大至最大比例。

③选择“矩形选框工具”，在其选项栏设置“样式”为固定大小、“宽度”为 8 像素、“高度”为 4 像素。单击画面顶部，建立矩形选区，效果如图 17.27 所示。

④设置前景色为浅蓝色（R1，G146，B251），按 Alt + Delete 组合键为选区填充前景色。按 Ctrl + D 键取消选区。效果如图 17.28 所示。

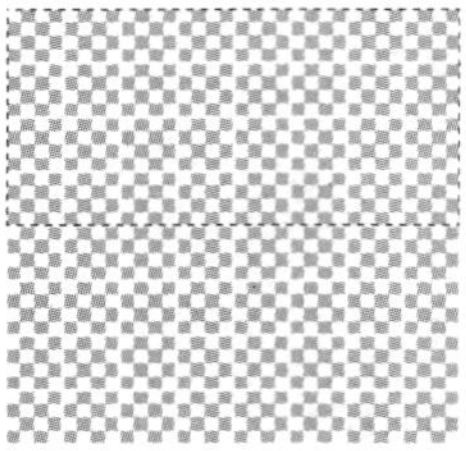

图 17.27

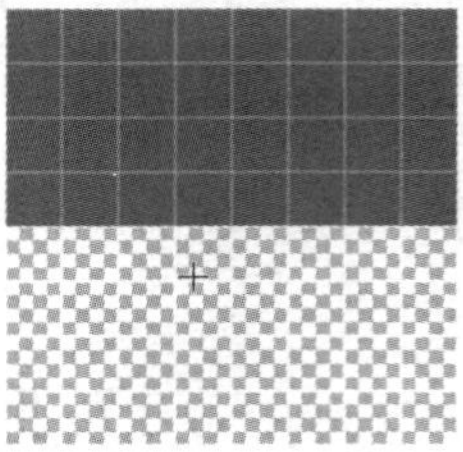

图 17.28

⑤执行“编辑”→“定义图案”命令，在弹出的对话框中单击“确定”按钮。

（2）绘制背景

①按 Ctrl + N 组合键，调出“新建”对话框。设置“宽度”为 800 像素、“高度”为 330 像素、“分辨率”为 72 像素/英寸、“颜色模式”为 RGB 颜色、“背景内容”为白色，单击“确定”按钮完成画布的创建。

②按 Ctrl + Shift + S 组合键，以名称“‘补充案例’手机 Banner. psd”保存文件。

③设置前景色为湖蓝色（R1，G131，B251），按 Alt + Delete 组合键为背景填充前景色。

④将鼠标定位在工具箱的“渐变工具”，单击鼠标右键，在弹出的填充工具组中选择“油漆桶工具”。

⑤在油漆桶工具选项栏中，单击“填充区域的源” 前景 ，在下拉列表框中选择图案，然后单击右边的“图案拾色器”，在弹出的下拉列表中选择刚刚预设的图案，如图 17.29 所示。

⑥在画布上单击鼠标左键，即可填充图案，效果如图 17.30 所示。

（3）置入素材“手机”

①打开素材图像“三星手机 . jpg”，如图 17.31 所示。

②选择“钢笔工具”，在其选项栏中设置“路径”模式 路径 ，将光标移至第一部“三星手机”图像直线边缘区域，单击鼠标左键定位路径的起始锚点，如图 17.32 所示。

填充区域的源 图案拾色器

图 17. 29

图 17. 30

图 17. 31

③按住 Shift 键不放，单击手机直线边缘的转折点，绘制直线，如图 17. 33 所示。

图 17. 32                      图 17. 33

④绘制到曲线边缘部分时，在建立新锚点的同时按住鼠标左键不放，拖曳鼠标，建立一个"平滑点"，两个锚点之间会形成一条曲线路径，如图 17.34 所示。

⑤按住 Alt 键不放，单击"平滑点"，此时，新建的"平滑点"将会在继续建立的部分转换为"角点"，效果如图 17.35 所示。

图 17.34　　　　　　　　　　　图 17.35

⑥重复步骤④~⑤的操作，沿手机的轮廓绘制路径。当光标变成 时，单击起始锚点，即可闭合路径，效果如图 17.36 所示。

⑦在"路径"面板中，单击" "在下拉列表框中选择建立选区，将弹出如图 17.37 所示的"建立选区"对话框，设置"羽化半径"为 1 像素，单击"确定"按钮。

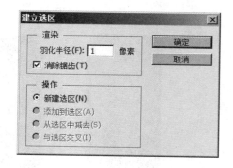

图 17.36　　　　　　　　　　　图 17.37

⑧选择"移动工具" ，将"手机"素材移至"'补充案例'手机 Banner.psd"文件所在的画布中，在"图层"面板中得到"图层 1"。

⑨将素材图像"三星手机.jpg"中的第二部手机也使用同样的方法置入画布中，得到"图层 2"，置入效果如图 17.38 所示。

图 17.38

（4）调整素材"手机"

①在图层面板中，选中"图层1"，按 Ctrl + T 组合键调出定界框，将其缩小并旋转调整到如图 17.39 所示位置。

图 17.39

②选中"图层2"，按 Ctrl + T 组合键，调出定界框，将其缩小，调整到如图 17.40 所示位置。

图 17.40

③在"图层"面板中，调整"图层2"的图层顺序在"图层1"之下。

④选择"椭圆工具" ⬤ ，在"图层1"的手机下方绘制一个椭圆并填充为黑色，如图 17.41 所示。此时，"图层"面板中得到"椭圆1"。

⑤执行"窗口"→"属性"命令（或单击属性面板按钮 ▦ ），将弹出"属性"面板。在"属性"面板中，设置"羽化"为7像素，效果如图 17.42 所示。

图 17.41

图 17.42

⑥调整"椭圆1"的图层顺序在"图层1"之下。

⑦重复步骤④~⑥的操作,为"图层2"的手机添加投影("椭圆2")。按下 Ctrl + T 组合键,调出定界框,调整"椭圆2"的大小和角度,效果如图 17.43 所示。

(5)绘制主题带

①选中"图层1",选择"矩形工具" ■ ,在画布上绘制一个矩形,并填充为黄色(R255,G228,B1),效果如图 17.44 所示。在图层面板中得到"矩形1"。

图 17.43

图 17.44

②按 Ctrl + T 组合键,调出定界框,单击鼠标右键,在弹出的菜单中选择"透视"命令,将矩形调整为如图 17.45 所示效果。

图 17.45

③再次单击鼠标右键,在弹出的菜单中选择"斜切"命令,将其调整为如图 17.46 所示效果。单击 Enter 键,确定自由变换。

图 17.46

④连续按两次 Ctrl + J 组合键复制"矩形1",得到"矩形1 副本"和"矩形1 副本2"。

⑤选中"矩形1",将其填充为橘色(R234,G178,B7)。按 Ctrl + T 组合键,调出定界框,将其调整为如图 17.47 所示效果。

图 17.47

⑥选中"矩形1 副本",将其填充为橘色(R234,G178,B7)。按 Ctrl + T 组合键,调

出定界框，将其调整为如图 17.48 所示效果。

图 17.48

⑦调整"矩形 1"和"矩形 1 副本"的图层顺序在背景层之上，效果如图 17.49 所示。

图 17.49

（6）绘制主题内容

①选择"椭圆工具" ，在"主题带"上绘制两个白色的正圆形状，如图 17.50 所示。

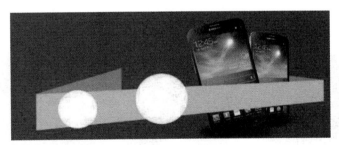

图 17.50

②再次绘制两个正圆，大小比步骤①中的白色正圆形状略大，位置如图 17.51 所示。

③选中"矩形 1 副本 2"，按 Ctrl + J 组合键，复制得到"矩形 1 副本 3"。按住 Ctrl 键不放，在"图层"面板中同时选中"矩形 1 副本 3"和"椭圆 4"，按 Ctrl + E 组合键将其合并，得到图层"椭圆 4"，效果如图 17.52 所示。

图 17.51

④选择"路径选择工具" ，将"椭圆 2"中的圆形选中，在选项栏中，单击"路径操作"按钮 ，在弹出的下拉列表框中选择"与形状区域相交"，得到相交的形状。再次单击"路径操作"按钮 ，选择"合并形状组件"，为得到的图形填充橘色（R255，G211，B0），效果如图 17.53 所示。

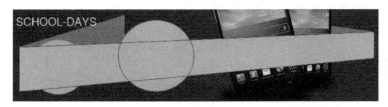

图 17.52

⑤重复步骤③和④的操作，将"椭圆5"合并为如图 17.54 所示。

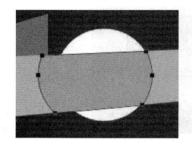 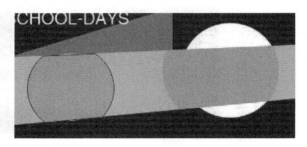

图 17.53            图 17.54

⑥在"图层"面板中，调整"椭圆2"和"椭圆3"的图层顺序在所有图层之上，并选择"移动工具"，微调"椭圆2"和"椭圆3"的位置，效果如图 17.55 所示。

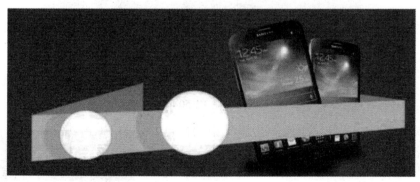

图 17.55

⑦打开素材图像"QQ 会员.jpg"，如图 17.56 所示。选择"钢笔工具" &#9986;，将"企鹅"从背景中抠取，移动至画布内并调整位置和大小，效果如图 17.57 所示。

⑧选择"椭圆工具" &#11044;，在"企鹅"的下方绘制一个椭圆并填充为黑色。单击"属性"面板按钮 &#127981;，设置"羽化"为 3 像素，效果如图 17.58 所示。

⑨选择"横排文字工具" &#127981;，在选项栏中设置"字体"为微软雅黑，在画布中依次输入文案内容，效果如图 17.59 所示。单击"提交当前所有编辑"按钮，完成当前文字的编辑。

图 17.56

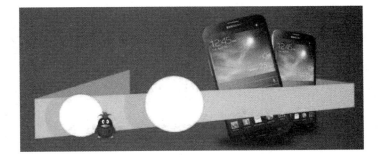

图 17.57

图 17.58

图 17.59